W0190075

ro
ro
ro

1 Meter misst die Giraffen-Zunge, genug, um die eigenen Ohren auszulecken

Am Rand der Schöpfung ist jede Menge los: Furzende Seekühe, picklige Mondfische, liebevolle Vampire, mutierte Warzenkröten und heilige Möwen – das Tierreich steckt voller Überraschungen und skurriler Anekdoten: Haben Ratten gutes Karma? Wieso hat Kolumbus die Meerjungfrauen nicht geküsst? Was macht eine Aga-Kröte im australischen Parlament – und warum sollte man es als Mann tunlichst unterlassen, in den Amazonas zu pinkeln?

Dirk Steffens berichtet von außergewöhnlichen Tieren, ihren verblüffenden Eigenschaften und den aufsehenerregenden Zusammenhängen zwischen den Erkenntnissen der Tierforscher und der Entwicklung neuer Technologien.

Dirk Steffens, Jahrgang 1967, studierte nach seinem Volontariat an der Kölner Journalistenschule Politik und Geschichte; anschließend war er Politik- und Nachrichtenredakteur bei verschiedenen Radio- und Fernsehstationen. Seit 1992 arbeitet er als TV-Autor und -Moderator sowie als Dokumentarfilmer mit dem Schwerpunkt Reise- und Tierdokumentationen. Seine Arbeit führte ihn in den vergangenen fünfzehn Jahren rund um den Globus in über 50 Länder.

Dirk Steffens

Tierisch!
Expeditionen an den Rand der Schöpfung

Rowohlt
Taschenbuch
Verlag

Sekunden dauert Quickie-Sex bei Schimpansen

Originalausgabe
Veröffentlicht im Rowohlt Taschenbuch Verlag,
Reinbek bei Hamburg, Dezember 2007
Copyright © 2007 by Rowohlt Verlag GmbH,
Reinbek bei Hamburg
Umschlaggestaltung ZERO Werbeagentur, München
(Foto: www.robgray.com)
Satz Documenta PostScript (InDesign)
Gesamtherstellung Clausen & Bosse, Leck
Printed in Germany
ISBN 978 3 499 62308 0

Für Ingrid

Inhalt

Tierisch viel unterwegs
Nur ein Vorwort

R eisen bildet nicht. Aber man lernt eine Menge. Zum Beispiel, wie man sich korrekt erbricht, wenn verrückte Buschpiloten einen Looping versuchen. Oder wie man ein komplettes Schwein in einem Erdloch gart und in einem Hotelbett schläft, das ausreichend Stoff für Dutzende Doktorarbeiten über Parasiten bietet. Man lernt, wie Fledermäuse im Pazifik gegessen werden, dass die Seekrankheit tatsächlich grün macht und Erfrierungen im Gesicht nicht wirklich gut aussehen. Man lernt, wie man Teilzeit-Mitglied eines Maori-Stammes wird und Blutegel aus dem Ohr entfernt, wie schwierig es ist, Tigerpipi aus dem Hemd zu waschen, wie geröstete Vogelspinnen schmecken, welche Optionen man hat, wenn dreißig Meter unter der Meeresoberfläche das Frühstück zu neuem Leben erwacht, was für interessante exotische Krankheiten es gibt und wie sich deren Symptome anfühlen. Und man lernt, wie man auf einem Handy während langer Flüge und enervierender Wartezeiten ein Buch schreibt. So was lernt man. Nichts Wichtiges also.

Deshalb geht es in den folgenden Texten auch um etwas anderes: Es geht um Tiere. Und bevor ich es vergesse, möchte ich ihnen dafür danken, dass sie mich gebissen, gestochen, gewürgt, getreten, geschlagen, bepinkelt und bespuckt haben. Mistviecher!

Solche kleinen Unannehmlichkeiten werden allerdings locker durch das Privileg aufgewogen, spannende Wildtierprojekte überall auf der Welt mit eigenen Augen sehen und den beteiligten Wissenschaftlern auch noch dumme Fragen stellen zu dürfen. Mein ewiges «Warum?» dürfte so manchen Forscher in eine tiefe Sinnkrise gestürzt haben. Sorry dafür!

Warum also gibt es rosa Delfine? Warum haben Manatis Blähungen, sind Vampire harninkontinent und Koalas bedröhnt? Warum haben Mondfische auch jenseits der Pubertät Pickel und warum ist der Pimmelfisch so gemein? So was muss man nicht wissen. Will man aber. Ich jedenfalls.

Natürlich weiß ich nicht annähernd so viel über Tiere wie die Forscher, Wildhüter und Umweltschützer, denen ich begegnen durfte. Ich kann mir auch die ganzen lateinischen Doppelnamen nicht merken und würde mit einem Betäubungsgewehr höchstens mich selbst lahmlegen. Doch ich bin seit meiner Kindheit ein Natur-Groupie, jedes Mal begeistert und aufgeregt, wenn es da draußen etwas zu entdecken gibt.

Ich habe mich bemüht, alle Fakten und Forschungsergebnisse so korrekt und aktuell wie möglich wiederzugeben. Einen befreundeten Biologen habe ich gezwungen, alle bereits redigierten Texte nochmals zu überprüfen. Ich befürchte, er will jetzt nicht mehr mein Freund sein. Sollten dennoch Fehler durchgerutscht sein, freue ich mich unter www.dirksteffens.de auf Korrekturen und verspreche Besserung.

Als ich meinen Journalisten-Kollegen und Freunden vor etwa einem Jahr erzählte, ich wolle ein Buch über Tiere schreiben, haben alle freundlich genickt. Dann haben sie gegähnt. Und dann

mal hundert, also tausend Mal länger als unseres ist das Fruchtfliegenspermium

gefragt: «Mit Bildern?» Es ist wahr: Tierbücher genießen nicht gerade den Ruf, besonders cooler Lesestoff zu sein. Deshalb blicke ich ein wenig neidisch auf die englischsprachigen Länder, in denen die «Natural History» nahezu gleichberechtigt neben Themen aus Politik oder Gesellschaft steht und ein breites Publikum erreicht. Vielleicht ist das so, weil Autoren dort witzig sein dürfen, ohne dass man ihnen deshalb gleich mangelnde Seriosität unterstellt. Bernhard Grzimek, Held meiner Jugend, hat es übrigens auch so gemacht. Sein Credo lautete: zwei Drittel Unterhaltung, ein Drittel Information.

Deshalb habe ich mit den mir zur Verfügung stehenden Mitteln versucht, meinen Berichten über einige Tiere am Rande der Schöpfung einen Ton zu geben, der seriösen Wissenschaftlern und peniblen Naturkennern wahrscheinlich den Tag versaut. Alle anderen können hoffentlich über die faszinierend-wunderliche Wildnis schmunzeln und staunen. Das wäre schön. Denn wer Freude an der Natur hat, der schützt sie auch.

Juli 2007, in der Wartehalle eines Flughafens
Wo auch sonst?

Ein Tag im Leben des «Dude»
High im Wipfel: Koalas

Der Dude: meistens verkehrsuntüchtig und die Nase größer als das Hirn.

Nasenaffen haben große Nasen, Gorillas einen kleinen Schniedel, und Fluglose Dampfschiffenten sind, nun ja, fluglos. Für einen Vogel ist so etwas immer ein wenig peinlich. Spinnendamen haben behaarte Beine, Robben schlimmen Mundgeruch und der Keksausstecherhai schiefe Zähne. Nacktmullen sind so hässlich, dass sie sich zu einem Leben unter der Erde entschlossen haben. Giraffen leiden unter Bluthochdruck. Alles nicht gut. Wer also ist der wahre König der Tiere? Vielleicht einer der üblichen Favoriten: Löwe, Elefant oder Delfin?

Vergessen Sie's: Löwen kriegen Katzenaids, Elefanten haben Blähungen, und Delfine sind neuester Forschung zufolge überraschend dämlich*. Tier zu sein, das ist ein Hundeleben, so scheint es. Doch keine Regel ohne Ausnahme:

Siehe dazu auch das Kapitel «Schlaflos in Hongkong».

«Dude» bedeutet eigentlich in etwa «Geck» oder «Dandy», kann aber im modernen Sprachgebrauch sowohl positiv als auch negativ gemeint sein und alles Mögliche von «Meister» über «Wichtigtuer» bis «Trottel» bedeuten. Bei uns ist der Begriff durch den Kinofilm «The Big Lebowski» bekannt geworden.

Auf dem Fauna-Thron, da sitzt der «Dude»*! Zwar trägt er im Deutschen den langweiligen Namen «Aschgrauer Ranzenbär», was sich nicht gerade nach Rock 'n' Roll anhört, und auf Schlau heißt er *Phascolarctos cinereus*, was sich keiner merken kann. Aber beides ist ihm schnuppe. Er sieht gut aus und zieht, getarnt als flauschig-weicher Harmlostuer, ganz entspannt sein Ding durch. Der Dude ist lebenslang bedröhnt und hangelt sich nur ab und zu durch eine dicke, drogengenerierte Lethargieschicht an die Oberfläche des Seins empor, um Blätter zu mampfen und Liebe zu machen. Selbst intensivste Forschung konnte in Sachen Koala nur wenig Ernüchterndes zu Tage fördern.

Hätte die Kommune 1 einen Garten mit Eukalyptusbäumen bepflanzt, wären die Fellträger froh gewesen, schließlich ist die ideologische Verwandtschaft von Tier und Mensch in

diesem Fall unübersehbar: «Nein» zur Konsum- und Leistungsgesellschaft, «Ja» zur freien Liebe und zu bewusstseinserweiternden Substanzen. Die außerparlamentarische Opposition hätte sich dann wahrscheinlich statt Che Guevara das Konterfei eines Beutelbären aufs Batikhemd gedruckt.

Ein ganz normaler Tag im Leben des Dude verläuft noch heute ungefähr so wie der eines Langzeit-Soziologiestudenten in den 70ern: Zehn Stunden schlafen, dann Augen auf – aber langsam, der Kopfschmerz! Ein paar von den grünen Dingern einwerfen, die überall rumhängen, den Trip genießen und wieder einpennen. Bei Sonnenuntergang nochmal kurz wach werden, mehr Drogen und, falls greifbar, ein Weibchen. Dann wieder schlafen. Am nächsten Morgen sind alle Erinnerungen aus dem nur walnussgroßen Hirn gelöscht, und es beginnt «another day in paradise»!

Dudes grüne Lustigmacher sind Eukalyptusblätter, Rohstoff für Hustenbonbons und Delirien. Koalas ernähren sich überwiegend von den Blättern und der Rinde dieser Bäume, eine Angewohnheit, die es ihnen erlaubt, ständig an ihren Futtergewächsen zu hängen. Wie praktisch! Ein Leben in der Speisekammer! Allerdings ist die Ernährung auch entsprechend einseitig: Die Blätter liefern nur sehr wenig Energie, weshalb Koalas immer so verpennt und träge sind, sie schlafen mindestens 20 Stunden am Tag. Das ist Säugetier-Rekord, im Vergleich dazu sind nämlich selbst Faultiere echte Frühaufsteher*. Ihr lahmer

> Ungeschnittene Fingernägel sind prima zum Klettern, es ist aber fast unmöglich, damit einen vernünftigen Joint zu drehen.

> Faultiere schlafen nämlich «nur» 18 Stunden pro Tag.

In der Natur sind Niedrigenergie-Tiere ein häufig anzutreffendes evolutionäres Konzept, stark metabolisierende Organismen wie z. B. Löwen oder Menschen verbrauchen vergleichsweise viel Energie, müssen also auch entsprechend viel und nährstoffreiche Nahrung aufnehmen, was im Wettbewerb der Arten nicht immer von Vorteil ist.

Testosteron ist ein Hormon, das u. a. sexuelles Verlangen, Aggressivität und Schmerzunempfindlichkeit steigert.

Stoffwechsel erlaubt den australischen Müßighängern*, mit schmaler Kost über die Runden zu kommen, sie sind also so eine Art Niedrigenergiebären. Verstärkt wird diese Neigung zur Inaktivität noch durch verschiedene Toxine im Eukalyptus, die eine leicht narkotisierende Wirkung haben. Es ist, als hätte sich ein Kiffer sein Baumhaus auf einer gigantischen Hanfpflanze gebaut. Wow!

Faul, dumm, high und zufrieden – die Idylle der phlegmatischen Vegetarier wird in Freiheit eigentlich nur gestört, wenn eine noch stärkere Droge den Eukalyptus-Rausch vertreibt: Testosteron*. Flutet dieses Teufelszeug den Körper des Dude, verwandelt sich der Weichling in einen rücksichtslosen Triebtäter. Mit bis zu 15 Kilo den viel leichteren Weibchen haushoch überlegen, den vorne kurios gespaltenen Penis wie eine Hellebarde vor sich hertragend, treibt der Dude das auserwählte Opfer auf den Wipfel von Baum und Lust, wo er dann im bedrohlich schwankenden Geäst zur Tat schreitet. Koalas beißen sich oft blutig und stoßen beim Beischlaf schrille, menschenähnliche Schreie aus, die man ihnen niemals zutrauen würde. Das Gebrüll ähnelt frappant dem Gekreisch hyperventilierender Porno-Darsteller kurz vorm Höhepunkt. Ob es sich im Falle der Baumbewohner dabei um Lust- oder Schmerzensschreie handelt, ist allerdings schwer zu sagen.

Nach dem Sex dämmert der Dude wieder harmlos vor sich hin, ganz so, als sei nichts gewesen. Den Po hat er auf einen spitzen Ast gepflanzt, was ihm nicht wehtut, da sein Hinterteil mit extrafestem Gewebe und dickem Fell gepolstert ist. Er frisst und döst und vergisst.

«Koala» ist übrigens Ur-Australisch und bedeutet in etwa «der niemals trinkt» – denn wenn der Dude auch nicht gerade enthaltsam lebt, ein Säufer ist er nicht. Sein Stoffwechselsystem benötigt nur wenig Flüssigkeit, und die zieht er aus den Drogenblättern oder leckt Tau aus seinem dichten Fell.

Den Tieren selbst ist es (genau wie alles andere auch) wahrscheinlich völlig egal, der Ordnung halber sei aber dennoch darauf hingewiesen, dass «Koalabären» natürlich keine Bären sind, sie gehören vielmehr zu den Beuteltieren (Marsupialia). Allerdings hat irgendjemand den Beutel falschrum aufgenäht, denn die Öffnung zeigt, anders als zum Beispiel bei Kängurus, überraschenderweise nach unten*. Eine auf den ersten Blick sehr unpraktische Anordnung, schließlich leben die Tiere auf 20, 30 oder gar 40 Meter hohen Bäumen, ein abstürzendes Beutelbärchen würde entsprechend hart aufschlagen. «Der Koala fällt nicht weit vom Stamm und stirbt da auch», meinte einmal ein recht unsentimentaler Ranger auf meine Frage nach den Überlebenschancen in so einem Fall. Zum Glück verfügt Klein-Koala aber über einen ausgeprägten Klammerreflex, der ihn normalerweise wie festgetackert an Mamis Fell hängen lässt.

Sie sind aber nicht die einzigen Beuteltiere mit dieser anatomischen Besonderheit. Auch Wombats haben einen unten offenen Beutel.

Wären die Säuglinge nicht von Geburt an auf Drogenmuttermilch und hätten sie nicht dieses wirklich winzige Gehirnchen, das für jeden Morologen* eine Offenbarung sein dürfte, würden wahrscheinlich einige junge Beutelbärchen freiwillig in die Tiefe springen. Denn dann wüssten sie, was ihnen etwa 22 Wochen nach der Geburt droht: Sie müssen Scheiße fressen.

Morologen: Erforscher der Dummheit!

Kurioserweise sind Koalas von Natur aus nicht dazu befähigt, ihr nahezu einziges Nahrungsmittel, die Eukalyptusblätter, auch selbständig zu verdauen. Kein besonders cleverer Schachzug der Natur, denn das ist ungefähr so, als wären Löwen allergisch gegen Fleisch. Sollten die Kreationisten* überraschenderweise doch recht haben und es gibt einen Schöpfer, dann ist der also bestimmt kein intelligenter Designer, sondern eher ein minimalistischer Pfuscher!

Kreationismus ist vor allem in den USA eine große Bewegung. Die Anhänger verneinen ganz oder teilweise wissenschaftliche Erkenntnisse der Evolutionsforschung und glauben an einen Schöpfer, der in die Natur eingegriffen hat.

Das Dilemma im Darm lösen die immer nach Hustenlöser duftenden Fellknäuel mit Hilfe von Bakterien im Bauch. Die helfen bei der Zersetzung der zähen Blätter und lassen den Nahrungsbrei im übergroßen Blinddarm gären wie Bier im Braukessel. Da aber die Bakterien nicht von Geburt an in den kleinen Koalas stecken, müssen sie irgendwie dort hineinkommen – und genau hier macht die Sache mit dem abwärts gerichteten Beutel dann Sinn. Denn dessen Öffnung zeigt genau auf

Bitte lesen Sie die Packungsbeilage!

Muttis Fellpopo, also dahin, wo das «Papp» rauskommt, der Spezialkot mit den verdauungsfördernden Bakterien. Papp ist relativ weich, jedenfalls im Vergleich zu den harten Eukalyptusdrops, die von den Blattfressern normalerweise fallengelassen werden. Einmal geschluckt, verrichten die kleinen Helferlein dann ein ganzes Leben lang verstopfungsfrei ihr abführendes Geschäft.

Auf Grund ihrer Fingerform – Daumen UND Zeigefinger greifen den drei anderen entgegen – sowie der langen Krallen haben Koalas einen erstaunlich festen Händedruck. Ich musste das selbst einmal erfühlen, als ich im Freigelände des Koala-Krankenhauses von Port Macquarie Opfer einer Verwechslung wurde. Dauer-Patient Pebbles hielt mich irrtümlich für einen Fressbaum und bekletterte mich. Die anwesenden Krankenschwestern haben erst gelacht und mich dann verbunden.

Als mit Zuneigung überfrachtetes Tier der Gattung «Guck-mal-wie-niedlich-o-mein-Gooooott» (gerne mit schrill erhobener Stimme vorgebracht) genießt der Dude die ganz besondere Fürsorge des Menschen.

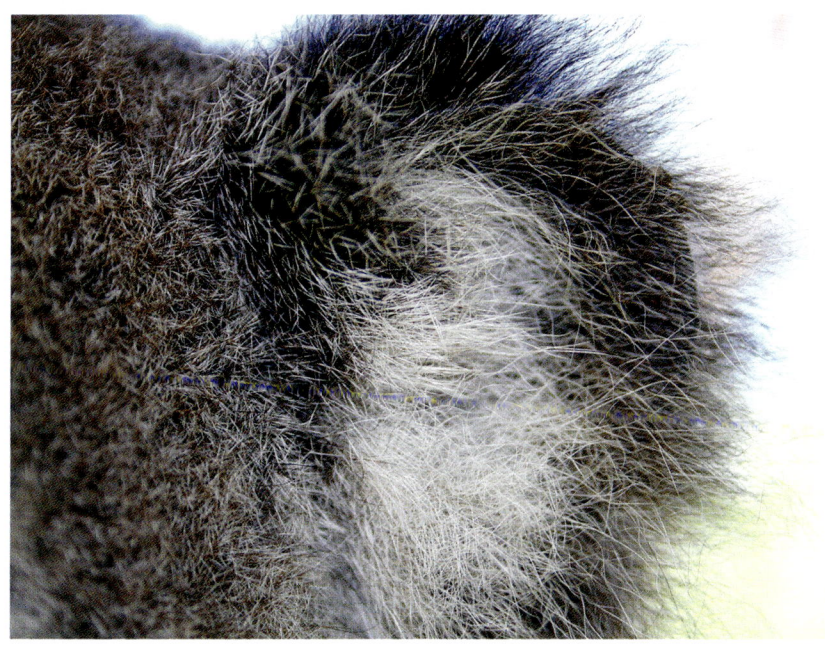

Mit seinen Plüschohren, dem weichen Fell und den Knopfaugen passt *Phascolarctos cinercus* einfach perfekt ins emotionale Beuteschema von Stofftier-Liebhabern und lässt selbst Damen jenseits des Klimakteriums

Ohrenhaare sehen nicht nur an Senioren gut aus.

Keine Fotos! die Milch einschießen. Entsprechend sieht auch die Sozialstruktur der freiwilligen Pflegekräfte aus, die in Port Macquarie Pebbles und seine Leidensgenossen pflegen. Madelaine Crowley, ehemalige Vorsitzende des Helfer-Vereins und prototypisch für die Mitgliederinnen: «Meine Kinder sind erwachsen, jetzt brauchen mich die Koalas.» Ob die Tiere das auch so sehen? Und haben sie eigentlich schon vor Ankunft der weißen Frauen Drogen genommen?

Autounfälle und Hundeattacken sind allerdings weitaus größere Gefahren als hemmungslose Tierliebe, denn die Städte wachsen immer tiefer ins Koala-Habitat hinein. Und so sieht man in Port Macquarie Schnuckelbärchen mit Gipsbeinen, Kopfverbänden, bei der Bewegungstherapie oder der Fütterung per Nuckelflasche, hingebungsvoll bemuttert von ehrenamtlichen Hilfskräften. Die meisten Tiere sind Urbanisationsverlierer und wurden Opfer von Verkehrsunfällen.

Da sie territoriale Wesen sind, kehren sie auch dann zu ihren Lieblingsbäumen zurück, wenn inzwischen jemand eine Straße durch den Wald gebaut hat. Manchmal stellen tierfreundliche

bis dreißig Eier klebt eine Filzlaus an menschliche Schamhaare

Verkehrsplaner zwar eines dieser lustigen Koala-Warnschilder auf, die Touristen so gerne klauen und sich zu Hause an die Klotür hängen, doch das hilft kaum. Koalas sind wie gesagt dämlich und verstehen die Zeichen nicht.

Meistens enden die Zusammenstöße mit Autos für die Waldbärchen tödlich. Im besten Falle eines Unfalles meldet der Fahrer seiner Versicherung den Wildschaden, und der Dude landet im Koala-Krankenhaus. Nach Gesundung werden die Rekonvaleszenten wieder in die Freiheit entlassen und können, den liebevollen Händen älterer Damen glücklich entkommen, ihr früheres Leben wieder aufnehmen: Sex and drugs and nothing more.

Das mit dem Sex ist übrigens nicht immer gut. Auf Kangaroo Island zum Beispiel, einem Naturrefugium vor der Küste von Südaustralien, wurden die ersten Koalas in den 1920ern ausgesetzt, es hatte dort zuvor niemals welche gegeben. Sie haben sich so stark vermehrt, dass sie inzwischen eine Plage sind und den lokalen Eukalyptuswald zu vernichten drohen. Handfeste Maßnahmen gegen die Tiere sind nicht durchsetzbar, da niemand mit dem Stigma leben möchte, ein Teddybär-Mörder zu sein. Die Behörden versuchen es nun mit sündhaft teuren Empfängnisverhütungskampagnen, deren Erfolg allerdings zweifelhaft ist.

Immerhin schadet die Verabreichung von Verhütungsmitteln den fluffigen Klettertierchen nicht. Psychologische Probleme sind ebenfalls nicht zu befürchten, da in ihrem benebelten Walnusshirn kein Platz für Depressionen sein dürfte. Sie führen ein Leben in ewiger Gegenwart, ohne Erinnerungen oder Zukunftssorgen, kein Gestern und kein Morgen. «Erinnerungen verschönern das Leben, aber das Vergessen allein macht es erträglich», wusste schon Honoré de Balzac. Ganz klar: Auch er war ein Koala.

Australiens
Badekappendesigner
lieben extravagante
Schnitte.

Killer-Gelee

Glitscht am Strand, brennt auf der Haut: die Qualle

Dass man es auch ohne Hirn und Rückgrat weit bringen kann im Leben, weiß ich von meinem Chef. Hinter vorgehaltener Hand nenne ich ihn nur «die Qualle», denn Quallen haben ebenfalls weder Gehirn noch Knochen und sind, solchermaßen erleichtert, evolutionshistorisch betrachtet extrem erfolgreich.

Es gibt sie schon seit über einer halben Milliarde Jahren. Wir wissen das, weil sogar diese Wabbelteile Fossilien* hinterlassen haben. Zwar kann Glibber nicht versteinern, aber es gibt Sedimentabdrücke, aus denen Forscher dann das Alter bestimmen. 500 000 000 Jahre sind zwar nicht so lang wie die verspätungsbedingte jährliche Wartezeit aller Bundesbahn-Benutzer, beziffern aber doch einen Zeitraum, in den Aufstieg und Untergang der Saurier, die Entwicklung der Säugetiere sowie die komplette Karriere der Rolling Stones passen. Es gibt diese Glibberdinger also wirklich schon verdammt lange. Aber wie kann ein schmieriges, hirnloses Etwas so erfolgreich sein?

Fossilien müssen keineswegs aus organischen Teilen wie beispielsweise Knochen bestehen. Ebenfalls als Fossilien bezeichnet man Aktivitätsspuren von Lebewesen, also zum Beispiel einen versteinerten Fußabdruck.

Die Antwort lautet: genau deshalb. Denn wer sich, wie mein Chef, genügend einschleimt, für Feinde unsichtbar macht, wer immer mit der Strömung schwimmt und gegen andere giftet, hat ganz allgemein gesprochen gute Aufstiegsmöglichkeiten. Exakt mit dieser Methode haben es auch die Quallen geschafft.

Ungefähr 9 400 verschiedene Arten wurden bisher gezählt, Säugetiere bringen es vielleicht gerade mal auf die Hälfte. Die Schleimis haben alle Ozeane für sich erobert, vom Polarmeer bis in die Tropen. Sie können extreme Hungerperioden überstehen und in der Not auch mal die eigenen Geschlechtsteile fressen. Es gibt sie in jeder Größe, von Zwei-Millimeter-Winzlingen bis hin zu zwei Meter großen Glibber-Giganten. Sie werden sehen: Quallen haben einige der erstaunlichsten Fähigkeiten im gesamten Tierreich entwickelt und sind fast so zahlreich wie die Sterne am Himmel. Trotzdem halten die meisten sie nur für ein matschiges Ärgernis am Strand. Das sind sie tatsächlich. Aber sie sind eben auch noch viel mehr.

Wir alle kennen ja Situationen, in denen man am liebsten unsichtbar wäre: Wenn nervige Fußgängerzonen-Umfrager oder kusswütige Tanten auf einen zu laufen. Wenn der Chef reinkommt, während man gerade die bei Kollegen beliebte Imitationsnummer «Mein Boss ist ein Vollidiot» zum Besten gibt. Wenn der Gerichtsvollzieher klingelt, beim Wildpinkeln eine Überwachungskamera mitläuft oder beim Vorstellungsgespräch die Tampons aus der Handtasche kullern.

All das sind natürlich nur durchsichtige Versuche von mir, die Transparenz der Quallen gebührend anzutexten. Ich hoffe, das hat geklappt, denn Durchsichtigkeit ist die beste Tarnung, die es in der Natur gibt und überhaupt geben kann. Quallen sind so unsichtbar, dass sie nicht mal einen Schatten werfen – da wird selbst ein Chamäleon grün vor Neid. Dabei ist es so einfach: Quallen bestehen zu 99 Prozent aus Wasser, enthalten also sogar im Vergleich zu holländischen Tomaten wenig organische Substanz. Das macht sie darüber hinaus zu eher unbegehrten, da nährstoffarmen Beutetieren, obwohl Mondfische* oder Schildkröten regelmäßig Quallengallert schlürfen. Chinesen auch. Bei denen habe ich mal frittierte und in Essig eingelegte Quallen probiert – das ist nichts, was Sie nachmachen sollten, ich hatte stundenlang den muffigen Geschmack von Abwasser im Mund.

Zwei Extrem-Anpasser unter den Quallen faszinieren mich

Siehe das Kapitel «Bodo hat unreine Haut».

Jamie mit
holländischer
Tomate:
99 Prozent
Wasser!

besonders. Die Mastigias und die Seewespen sind tolle Beispiele
dafür, wie die pulsierenden Pilzköpfe sich in völlig unterschiedlichen Umgebungen behaupten. Bei diesen beiden hätte die Entwicklung nicht gegensätzlicher verlaufen können. Sie sind der
Gandhi und der Stalin unter den Wirbellosen: Die eine Art lebt
so pazifistisch, dass sie keine Tiere UND keine Pflanzen frisst, die
andere ist der giftigste Killer des Planeten.

«Jipp», meint Jamie Seymour, «das stimmt. Es gibt kein anderes Tier, weder an Land, im Wasser noch in der Luft, das auch nur
annähernd so giftig ist wie die Seewespe. Ein klarer Gewinner.»
Jamie muss es wissen, denn er arbeitet für die «School of Tropical
Biology» an der James Cook University in Australien, und auf diesem Kontinent leben die giftigste Schlange, die giftigste Spinne,
der giftigste Krake, die giftigste Schnecke, das giftigste Säugetier

Jahre sind fast das Altersmaximum für ein Hausschwein

und das giftigste Was-weiß-ich-noch-alles. Taipan, Trichternetz-spinne, Blauringkrake, Kegelschnecke, Schnabeltier* – und dazu noch jede Menge Frösche, Insekten und Meeres-tiere, die ebenfalls giftig sind. «Jipp, jipp. Nur bei den Skor-pionen ist irgendwas schiefgegangen. Unsere Skorpione sind giftmäßig zweitklassig. Jipp. Schade eigentlich.» Zu Jamies Entäuschung ist nämlich der Gelbe Mittelmeer-skorpion, heimisch in Nordafrika und dem Nahen Osten, giftiger als jede australische Version. Im Grunde ist das aber Haarspalterei, denn Skorpione gehören zu den Spin-nentieren – und bei denen ist «down under» ganz oben.

Jamie ist ein ziemlich typischer Vertreter der austra-lischen Forschergemeinde. Im Labor läuft er vorzugs-weise barfuß rum, trägt lila Badeshorts und ein fleckiges T-Shirt. Bei der Feldarbeit läuft er auch barfuß rum, trägt lila Badeshorts und ein fleckiges T-Shirt. Er lacht gerne laut. Poin-tiert erklärt er seine Forschung und verschwendet niemals einen Gedanken daran, ob professoral veranlagte Kollegen damit klar kommen, wenn er im Zweifelsfall den guten Gag höher bewertet als Forscherpräzision – damit kann er natürlich auch aufwarten, beschränkt ihre Verwendung aber zum Glück auf wissenschaft-liche Publikationen.

Ursprünglich interessierte sich Jamie mehr für den «Winter-schlaf» tropischer Insekten während der australischen Trocken-zeit. In der Regenzeit hatte er folglich nichts zu tun – und dann ist Seewespen-Saison. Am Anfang waren die Quallen also bloß die Pausenfüller. «Doch dann», fügt er verschmitzt hinzu, «habe ich gecheckt: Die Leute machen für das giftigste Tier der Welt, das ab und zu auch Menschen killt, schneller ein paar Forschungsdollar locker als für die Untersuchung des Zyklusverhaltens einer Aus-tralischen Buschheuschrecke.» Auch das ist typisch angelsäch-sisch: Wer forschen will, muss freundlich sein und potenzielle Geldgeber mit einem spannenden Thema ködern. Jamie kann das.

Schnabeltiere zählen zu den Säugetieren, obwohl sie Eier legen. Die Männchen haben einen etwa 15 Millime-ter langen Sporn, der allerdings nur während der Paarungszeit mit Gift gefüllt ist. Dieses ist für Menschen nicht tödlich, kann aber schmerzhafte Schwellungen verur-sachen, die manchmal monatelang anhalten.

Seine Seewespen sind gut zu vermarkten, denn sie sind die tödlichsten Tiere der Welt. Das ist doch mal ein amtlicher Titel! Das Gift eines einzigen solchen Gelee-Monsters reicht aus, um bis zu 250 Menschen zu töten. Auf einem Quadratzentimeter der Tentakel sitzen etwa 800 000 Nesselzellen, und die stehen mächtig unter Druck: mit 150 Bar, um genau zu sein, also dem 150-fachen des normalen Luftdrucks, der auf der Erdoberfläche herrscht. Entsprechend gewaltig ist die Beschleunigung, mit der sie ihre giftigen Mini-Harpunen abfeuern: Wenn der Deckel der Kapsel aufspringt, geben die Giftbomben Gas, von null auf 1400 Stundenkilometer in einer Millisekunde. Das Aufplatzen der Nesselkapsel ist damit die allerschnellste Bewegung, die jemals in der Natur gemessen wurde! Die Giftpfeile versprühen ihre tödliche Ladung nach allen Seiten, haben aber zum Glück nur eine Reichweite von einem halben Millimeter. «Tom Cruise wurde in ‹Top Gun› schon bei 8 g* im Cockpit schwarz vor Augen, die Nesselkapseln entwickeln Kräfte, die viele tausend Mal über der Erdbeschleunigung liegen», meint Jamie. Was will er damit sagen? Sollen Quallen jetzt Kampfpiloten werden?

g bezeichnet die Erdbeschleunigung, also $9{,}81 \text{ m/s}^2$. Mit dieser Beschleunigung, verursacht durch die Schwerkraft der Erde, fällt alles zu Boden, was Sie fallen lassen.

«Das Gift einer Seewespe tötet innerhalb von 120 bis 180 Sekunden», erläutert der Forscher von der James Cook University in Cairns. Vorausgesetzt, die Haut hat Kontakt mit ungefähr zwei Metern der nesselbesetzten Tentakeln, was bei 60 hauchdünnen Giftfäden, jeder bis zu drei Meter lang, ganz leicht zusammenkommt. «Dann gibt es keine Hilfe mehr. Keine Chance. Jipp, eine todsichere Sache.» Die Stalin-Qualle ist ein Profikiller, keine Frage.

Bei Versuchen im Labor hat Jamie menschliche Herzzellen mit dem Gift verschiedener Tiere beträufelt. Beim Sekret des Taipans, weltgiftigste Schlange, sind innerhalb von zehn Minuten 55 Prozent aller Zellen abgestorben. Der Seewespen-Saft brachte es auf 100 Prozent – und zwar in einer Minute. Das ist, was ich GIFTIG nenne!

Jahre nach ihrer Entdeckung war die Steller'sche Seekuh ausgerottet

Petri heil!

Weltweit sterben pro Jahr etwa 70 Menschen, nachdem sie in die Fänge einer Seewespe geraten sind, immerhin sind das zehn Mal so viele, wie durch Haiangriffe umkommen. Das Gift lässt das Herz verkrampfen, es zieht sich mit jedem Schlag weiter zusammen, bis es ein kleiner, harter Muskelklumpen ist, der sich nicht mehr ausdehnen kann und deshalb aufhört zu schlagen. Mit Herzmassage und Beatmung lassen sich die Opfer oft wiederbeleben, aber «eigentlich bringt das nichts», sagt der Quallenmann lapidar. Denn wenn der Kreislauf wieder anspringt, fließt auch das Gift wieder. «Die Leute sterben am Strand dann halt noch mal. Und noch mal. Und noch mal.» Vielleicht kann das Gift aber eines Tages auch nützlich sein, die Forschung daran steckt zwar noch in den Anfängen, aber die Sache brennt Jamie unter den Nägeln: Er hofft, in Zukunft einmal Kreislauf-Medizin aus Quallengift herstellen zu können.

Verletzt und mehr oder weniger schwer verbrannt werden pro Jahr Tausende. Den Schmerz dabei beschreibt der handfeste

Quallenexperte, der nach allzu innigem Kontakt mit seinen Forschungsobjekten auch schon mal ins Krankenhaus musste, so: «Stell dir ein rotglühendes Messer vor, mit dem dir jemand langsam die Haut abzieht. Stelle dir vor, das Brennen ist von der ersten Sekunde an voll da, wie ein Feuerschlag. Es bleibt und bleibt und bleibt, gleichmäßig und unvermindert, mindestens eine halbe Stunde lang. Es flutet deinen Körper, so als hättest du brennendes Benzin in den Adern. Es breitet sich immer weiter aus. Kannst du dir das vorstellen?», will er von mir wissen. «Na ja, nicht so richtig», murmele ich. «Und dann», fährt Jamie fort, «und dann multipliziere den Schmerz mit hundert. Mann, das tut weh.» Er hat immer eine Flasche Essig bei sich. Der hilft zwar nicht gegen den Schmerz und löst auch nicht die Tentakel von der Haut, «aber die Nesseln hören auf zu feuern, was sie sonst bei jeder Bewegung des Opfers machen, selbst wenn die Qualle schon tot ist», sagt der Mann mit den Narbenhänden.

In Australien sind während der Regenzeit viele Badestrände wochenlang gesperrt, denn gegen Seewespen helfen, anders als gegen Haie, keine groben Netze. «Deshalb sind Schutzanzüge wichtig, die Stinger Suits», sagt Jamie, als ich mit ihm durchs Flachwasser in Fannie Bay vor Darwin wate, um Seewespen zu fangen. Ich trage Gummihandschuhe und eine Art Strampelanzug aus Lycra, der zwar dünn ist, aber trotzdem schützt, da die Nesseln den Spezialstoff bei Berührung nicht als lebendiges Gewebe wahrnehmen und ihre Harpunen nicht abfeuern. Nylonstrümpfe funktionieren auch, sind aber optisch nicht jedermanns Sache. Ich mache mir jedoch weniger Sorgen um mein Erscheinungsbild als um das Salzwasserkrokodil, das noch am Vortag in dieser Bucht gesichtet worden ist. So ist Australien: Wird man nicht vergiftet, wird man gefressen. Ein zuschnappendes «Saltie» würde meinen Lycra-Anzug wahrscheinlich gar nicht bemerken und sich höchstens über den seltsamen Geschmack wundern

Anatomisch betrachtet haben wir mit Quallen ungefähr so viel gemeinsam wie mit einem Wackelpudding. Fast nichts also, sieht man von dem Wackelpudding-Gewebe an meinem und vielleicht auch Ihrem Wohlstandsbauch einmal ab. Mit viel Wohlwollen lassen sich «Magen, Muskeln und Augen» vergleichen, erläutert Jamie. Der Rest ist anders. Moment mal! Quallen haben Augen?

Bei Seewespen sind es «vier Sets mit jeweils sechs Augen». Jamie deutet auf stecknadelkopfgroße schwarze Punkte im Inneren der glockenförmigen Meduse*. Im Inneren? «Jipp, sie gucken durch den eigenen Körper nach außen, so was geht, wenn man durchsichtig ist. Möglicherweise verbessert das Gallert sogar ihre Sicht, wie ein Prisma.» Was genau die schwimmenden Wabbelklumpen erkennen können, ist noch ziemlich unerforscht. «Es reicht aber offensichtlich, um Beute auszumachen und zu verfolgen.» Verfolgen?

Seewespen sind aggressive Jäger, kein passives Treibgut. Sie können mit ihren pulsierenden Schwimmbewegungen bis zu 3,5 Knoten (etwa 9 Stundenkilometer) erreichen, damit würden sie bei den Olympischen Spielen im Freistil Gold holen. Die Medaille könnte man ihnen mangels Hals natürlich nicht umhängen, außerdem wären alle anderen Schwimmer tot, was der Siegesfeier sicherlich einiges von ihrem Charme nehmen würde. Trotzdem eine tolle Leistung.

Einmal in Kontakt mit den Tentakeln, sind Shrimps und kleine Fische, auf die es *Chironex fleckeri* abgesehen hat, sofort bewegungsunfähig. Seewespen sind zwar schneller als jeder Mensch, im Vergleich zu Fischen aber doch lahm, daher ist ihr sofort wirkendes Gift ihre einzige Chance. Die Greifarme transportieren Beute an die Unterseite des etwas kastigen Körpers*, zum unsichtbaren Mund. Eine Minute später steckt der Fisch in der durchsichtigen Qualle wie eine Fliege im Bernstein, von außen klar zu sehen, aber unbeweglich und tot. Dann beginnt, auch das ist mit dem bloßen Auge prima zu beobachten, der Zersetzungsprozess. Der Fisch löst sich langsam auf, wie eine Alka Seltzer im Wasserglas – allerdings ohne zu sprudeln.

Eine Meduse ist das, was man sich allgemein unter einer Qualle vorstellt: Der frei umherschwimmende, pilzförmige Quallenkopf samt Tentakeln. Sie bezeichnet aber nur eine Lebensphase des Nesseltieres, die anderen sind Larve oder Polyp.

Deshalb heißt das Tier im Englischen auch «box jellyfish».

Falls Sie jetzt gerade an Michael Jackson denken sollten, was auf den ersten Blick ja völlig zusammenhanglos erscheint, müssen Sie sich dennoch keine Gedanken über Ihre Konzentrationsfähigkeit, Ihre seltsamen Assoziationsketten und Ihren allgemeinen Geisteszustand machen, denn Seewespen und der King of Pop haben durchaus eine Verbindung: Superkleber. Und das kommt so: Wollen Biologen den Alltag ihrer Forschungsobjekte erkunden, hängen sie ihnen Sender an – versteckt in Halsbändern, Ohrclips, durch Flossen gestoßen oder unter die Haut operiert. Bei einem instabilen Gelee-Klops funktioniert aber nichts davon. Trotzdem fange ich mit Jamie Seewespen und «besendere» sie. Unsere Geheimwaffe: ein Superkleber aus der plastischen Chirugie. Dort wird er eingesetzt, um Ersatzkörperteile nicht mit unschönen Nähten anbringen zu müssen, also zum Beispiel zur Montage einer neuen Nase ohne Frankenstein-Narben. Die Paste ist hautverträglich und so klebrig, dass damit sogar Jamies metallene, bleistiftgroße Sendezylinder auf wabbeligen Quallenkörpern fest sitzen – und das im Salzwasser! Mehrere Tage lang sondern sie «Pings» ab, die Jamie per Hydrophon* empfängt. Unterwassermikrophon
So will er mehr über die oft erstaunlich langen Wanderungen der Tiere herausfinden. Und ich komme nicht umhin zu überlegen, ob Michael Jacksons Nase wohl auch auf einer Qualle halten würde?

Schaut man sich das Jagdverhalten der Seewespen an, scheint kein Zweifel zu bestehen: Sie können zwar keine Sudoku-Rätsel lösen, sind aber auch nicht so dämlich wie die ebenfalls aus Gelee bestehenden Gummibärchen, die in ihrer Tüte willenlos aufs eigene Ende warten. Aber Quallen haben doch kein Hirn? «Jipp, nicht wirklich. Aber immerhin gibt es vier Areale mit einer Verdichtung von Nervenzellen, in denen Informationen verarbeitet werden.» Danke, Jamie, denn nun kann ich mir auch vorstellen, wie Paris Hilton die für sie lebenswichtigen Funktionen steuert. Ein paar Nervenzellen-Klumpen erlauben ihr, hochhackige Schuhe von Champagnergläsern zu unterscheiden und beide

und mehr verschiedene Krankheiten kann die Hausfliege übertragen

Zum Essen ins
Solarium: Masti-
gias-Quallen

Gegenstände mit einer hohen Trefferquote korrekt ihrer jeweiligen Bestimmung zuführen. Das zeigt, zu welch beeindruckenden Leistungen selbst Organismen fähig sind, die zu 99 Prozent aus Schaumwein bestehen. Bei Quallen ist es Wasser. Haben wir sie bisher unterschätzt?

Natürlich möchte ich Paris Hilton nicht mit der fiesen Stalin-Qualle vergleichen. Vielleicht hat sie mehr mit den Gandhis unter den Nesseltieren gemein, den Mastigias. Die müssen nämlich, genau wie Paris, auch nicht für ihr Geld arbeiten, sondern bloß existieren. Das reicht schon.

Stalin und Gandhi, die Killer- und die Friedensqualle, werden sich wohl niemals begegnen, denn Stalin treibt landseitig des Great Barrier Reef sein Unwesen und Gandhi dümpelt in einem kleinen See am Ende des Regenbogens herum. Letzteres ist nicht nur eine blumig-kitschige Formulierung, sondern auch der Name, den die Bewohner von Palau ihrer Heimat gegeben haben. Dort, in Mikronesien, am Ende des Regenbogens also, gibt es eine kleine Insel namens Eil Malk, in deren Mitte ein See liegt. Es ist Gandhis

See, aber die Mikronesier nennen ihn Ongeim'l Tketau. Abgesehen davon, dass Palau meiner Meinung nach das schönste Land der Welt ist, verfügt es mit diesem See* auch über ein ökologisches Unikat, denn die Mastigias-Quallen sind dort endemisch.

«Endemisch» hört sich zwar irgendwie ungesund an, so wie allergisch, pathologisch, phobisch, psychosomatisch oder hypochondrisch, dieser «-isch»-Begriff beschreibt aber tatsächlich Pflanzen und Tiere, die nur in einer bestimmten Region leben und nirgendwo sonst auf der Erde. Solche Regionen sind unterschiedlich groß, es kann sich dabei beispielsweise um ganz Neuseeland, eine der beiden neuseeländischen Hauptinseln, einen Berg auf einer der Inseln oder um nur einen Baum auf einem der Berge handeln. Für die Mastigias besteht die bewohnbare Welt aus einem Salzwassersee, nicht viel größer als ein Fußballfeld.

Vor etwa 20 000 Jahren haben sie eine wichtige Entwicklung verpennt: Unter ihnen hob sich eine Insel aus dem Meer, und in deren Mitte entstand ein See. Der Weg ins offene Meer war von nun an versperrt. Inseln poppen für gewöhnlich nicht einfach so spontan vom Meeresboden hoch. So was dauert ewig. Die Quallen sind also nicht überraschend an einem verregneten Samstagnachmittag für immer eingemauert worden, als sie gerade gemeinsam Fußball geguckt und deshalb mal kurz nicht aufgepasst haben. Nein, sie müssen sich vorwerfen lassen, wirklich lange wirklich ignorant gewesen zu sein. Die Quittung: Bis ans Ende aller Tage müssen sie ihr Dasein in dem kleinen See am Ende des Regenbogens fristen.

Zu ihrer Entlastung lässt sich anführen, dass die hirnlosen kleinen Dinger das Beste daraus gemacht haben. Sie haben es tatsächlich geschafft, das größte Problem aller Lebewesen auf diesem Planeten in kongenialer Weise zu lösen. Es geht um die Frage: Woher kriege ich Futter? Fast alle anderen größeren Lebensformen in dem isolierten See haben die Isolierung nicht gemeistert: Abgeschnitten von Frischwasserzufuhr, Artgenossen und vor allem dem Nahrungsnachschub aus dem Ozean haben alle, die nicht noch schnell über die Korallenmauer rübermachen konnten, das Zeitliche gesegnet. Nur die Mastigias nicht. Die haben sich jenseits der Mauer halbwegs bequem eingerichtet – und wenn diese Formulierung Sie irgendwie an die ehemaligen Bürger der DDR erinnert, dann ist das durchaus angemessen.

Diese wie jene haben es geschafft, in einem durch Wälle begrenzten Lebensraum unter widrigen Bedingungen Methoden zu entwickeln, um über die Runden zu kommen. Bei den einen nennt man das Durchwursteln, bei den anderen Photosynthese. Während die Bürger auf der falschen Seite des antifaschistischen Schutzwalls bei der Versorgung mit Bohnenkaffee weitgehend auf Pakete vom Klassenfeind angewiesen waren, vertrauen die Mastigias bei der Versorgung mit Zucker auf Algen, die Zooxanthellen genannt werden.

Lolita ist Meeresbiologin und hat mit hoher Wahrscheinlichkeit die schönsten Beine in ganz Palau. Mit ihnen und den an ihren Füßen befestigten Flossen paddelt sie vor mir durch den Quallensee. «Bloß nicht den Mund öffnen, gleich geht es los», kann sie mir an der Oberfläche noch zurufen, bevor wir abtauchen. Erst sehe ich nichts. Dann immer noch nicht. Und dann bewegt sich plötzlich eine gewaltige Schleimwand auf mich zu, pulsierend, ein bisschen rosa und riesig groß. Die Wand reicht von einer Seite des Sees zur anderen und ungefähr 15 Meter in die Tiefe. Jetzt gibt es keine Wahl mehr, wir müssen da durch. Lolitas Kopf, ihr Körper und dann auch ihre kaffeebraunen Model-Beine verschwinden, es sieht aus, als würde ein gigantisches Schleimmonster aus «Ghostbusters» sie verschlingen. Dann bin ich dran. Hunderte, Tausende, Millionen Mastigias-Quallen kommen auf mich zu. Die kleinsten schwimmen in meine Ohren, einige sauge ich, hektisch am Atemregler vorbei prustend, in meine Luftröhre ein. Die größeren streifen über meine unbedeckten Arme, Beine und übers Gesicht. Doch kein Brennen, kein Schmerz. Die Mastigias haben keine furchter-

Parasitenarten außerhalb der Tropen sind auf menschliche Wirte spezialisiert

regenden Tentakeln, keine gefährlichen Nesseln*. Sie verdienen den Titel Gandhi-Quallen wirklich.

«Wer keine Feinde* hat und nicht jagen muss, der braucht auch keine Waffen», erläutert Lolita, die am «International Coral Reef Center» in Palaus Hauptstadt Koror arbeitet. Die Feinde der Mastigias sind bei der Isolierung des Sees alle hopsgegangen. Ihre Beutetiere auch. Also nicht gefressen werden, aber eben auch nicht fressen. In einer solchen Situation ist es klasse, durchsichtig zu sein, denn dann können sich Algen, eben Zooxanthellen, im Körper der Qualle ansiedeln. Die Algen betreiben Photosynthese, so wie Grashalme oder die Blätter der Bäume, produzieren also aus Sonnenlicht und Kohlendioxid Nährstoffe, vor allem Zucker. Genug, um davon die Alge UND die Qualle zu ernähren. Als Gegenleistung für diese schöne Geste versorgt der lebende Geleefisch* seine Untermieter mit so viel Sonnenlicht wie nur irgendwie möglich. Das ist alles, was er tut. Jemals. Selbst Paris Hilton ist fleißiger.

Es wäre daher euphemistisch, das Leben einer mikronesischen Mastigias-Qualle als eintönig zu bezeichnen. Es ist in geradezu erschütterndem Maße abwechslungslos. Ein Tag gleicht dem anderen: Jeden Morgen, wenn die Sonne aufgeht, dümpeln die nessellosen Nesseltiere an dem Ende des Sees, das zuerst im Licht liegt, in Richtung Oberfläche. Mit steigender Sonne wandern sie dann quer durch das stehende Gewässer, bis sie am Abend auf der anderen Seite ankommen, um auch noch den letzten Sonnenstrahl einzufangen. Dann tauchen sie ab – und am nächsten Morgen wieder auf. Genau genommen machen sie also gar nichts. Nur im Wasser treiben und die Sonne genießen. Wie ein Urlauber im Pool. Ferien für immer! Großartig! Wozu braucht man da noch Hirn und Rückgrat?

Exakt: Sie haben fast keine mehr. Reibt so eine Qualle intensiv durchs Gesicht, während man vorbeischwimmt, kribbelt und brennt es ein klein wenig.

Ausnahme: Am Seeboden lauern Seeanemonen, die Quallen müssen also Bodenkontakt vermeiden.

Wörtliche Übersetzung des englischen Ausdruckes «Jellyfish» für Qualle.

Es hätte ein schöner Abend werden können. Das «Insomnia» im Bezirk Lan Kwai Fong ist schließlich bei Nachtschwärmern aus aller Welt beliebt. Wem in Hongkong die Hotelzimmerdecke auf den Kopf fällt, der trinkt in dieser Bar. Schwüle Luft, kaltes Bier, gefällige Live-Musik, alles da. Ich mag den Laden. Doch die Frauen verderben uns alles. Mein Kamera-

Schlaflos in Hongkong
Wahnvorstellungen und Alkohol:
Rosa Delfine

Aufgedeckt:
Der Rosarote
Panther hat ein
uneheliches
Kind.

mann stiert nur missmutig in sein Bierglas und denkt an seine Ex, der Tonmann sucht vergeblich den Mut zur Anmache, und mir lauert auf dem Rückweg vom Klo eine überschminkte Stewardess aus Australien auf. Sie küsst schneller als ich ausweichen kann. Dann will sie meine Telefonnummer. Zeit zu gehen.

Im Hotelbett dreht sich dann die Zimmerdecke über mir, ich sehe rosarote Sternchen. Seither weiß ich: Bekämpft man den Jetlag mit Bier, ist nicht nur die Zeit verschoben, sondern auch noch der Raum gekrümmt, was zu relativ starker Übelkeit führt. Ich bin schlaflos in Hongkong und denke an die Delfine, die wir morgen vor der Küste filmen wollen. Irgendwann dämmere ich weg, die Gedanken werden wirr. Ich träume.

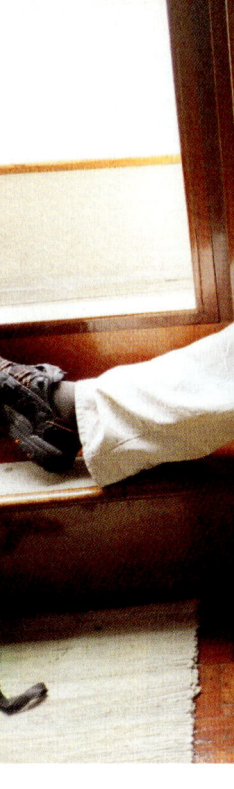

Es geht noch immer um Delfine, im Traum aber nur noch um Flipper, den Fernsehstar meiner Jugend. Der andere Held meiner TV-Kindheit war der Rosarote Panther. Der eine knallbunt, der andere ein toller Spielkamerad – genau das also, wovon wohl alle Kinder träumen. Doch wie das so ist im Leben: Die TV-Serien wurden irgendwann abgesetzt und für mich begann die pickel- und hormonüberfrachtete Pubertät. Der Panther, der Flipper und ich, wir waren zwar irgendwie immer noch Freunde, hatten uns aber aus den Augen verloren.

Gut zwei Jahrzehnte später, nach zwölf Stunden Flug, sechs Bieren und einer liebestollen Stewardess, liege ich also auf einem Hotelbett in Hongkong im Wachkoma und deliriere: Pink Panther und Flipper haben ein gemeinsames Kind – keine schlechte Leistung für zwei abgehalfterte, gleichgeschlechtliche TV-Stars im fortgeschrittenen Alter: Sie haben die Artengrenze übersprungen. Und jene zwischen Comic und Realität. Solche Eltern können natürlich nur ein kunterbuntes, extrem sympathisches Tier mit ungewöhnlichen Fähigkeiten zeugen, so viel ist klar. Und was könnte bunter und sympathischer sein als ein Rosa Delfin?

«Nur die geschlechtsreifen Tiere sind rosa», erläutert Lindsay mir am nächsten Morgen, «die Jungen sind bei der Geburt grau,

Komisch – die anderen sehen die Delfine immer zuerst.

je älter sie werden, desto stärker wird auch die Färbung, bis sie das Paarungsalter erreichen.» Doktor Lindsay Porter ist ungefähr so blond wie Hongkong-Delfine rosa und spricht das gutturale Englisch echter Schotten. Im Auftrag von WWF* und WDCS* beobachtet, studiert und untersucht sie seit über einem Jahrzehnt die *Sousa-chinensis*-Population vor Hongkong. Wenn sich jemand mit diesen Delfinen auskennt, dann sie. Auf ihrem Beobachtungsboot blicke ich verkatert durchs Fernglas und versuche verzweifelt, den schwachsinnigen Traum der letzten Nacht aus meinem dröhnenden Kopf zu kriegen. Doch was ich da vor mir im Wasser sehe, sieht verdammt noch mal genau so aus wie eine Kreuzung aus

World Wide Fund For Nature

Whale And Dolphin Conservation Society

Flipper und Pink Panther. Bin ich überhaupt schon wach? Lindsay kann meine Kopfschmerzen offenbar sehen. «Insomnia?», fragt sie nur.

Im trüben Brackwasser des Pearl River Delta, zwischen Hongkong und Macao, leben etwa 200 Rosa Delfine*. Überraschend viele. Ich hätte nämlich nie gedacht, in einer solch stinkenden, verdreckten Brühe überhaupt irgendetwas Lebendiges zu finden, abgesehen von ein paar der Wissenschaft bisher unbekannten Bakterien vielleicht: Rund ums Pearl River Delta wohnen viele Millionen Menschen, es ist eine der am stärksten boomenden Regionen des boomenden China, wo Umweltschutz noch häufig als kuriose Idee dekadenter Langnasen gilt. Nirgends sonst auf unseren Weltmeeren dürfte der Schiffsverkehr so dicht sein. Die Megastädte am Ufer mit ihren gewaltigen, qualmenden Fabrikanlagen tragen dann noch das Ihre dazu bei: Fäkalien, Unrat, Industrieabfälle. Resultat: Eine brackige Müllbrühe, die zwar farblich sehr schön mit dem schmutzig braunen Smoghimmel harmoniert, im feucht-heißen Klima aber betäubende Düfte absondert.

Hält man ein Hydrophon* ins Wasser und vergisst, vorher den Lautstärkeknopf auf null zu drehen, fliegen einem die Ohren weg. Der Lärm da unten im Dreckwasser ist bestialisch. Unzählige Außenborder, Schiffsschrauben und schwere Dieselmaschinen vereinen sich zu einer maritimen Kakophonie. Was das für unsere Freunde im Meer bedeuten muss, können Sie sich vielleicht vorstellen, wenn Sie mal versuchen, auf dem Mittelstreifen einer Autobahn parkend, bei voll aufgedrehtem Radio und geöffneten Fenstern mit Ihrem Beifahrer zu sprechen. Gleichzeitig donnert ein paar Meter über Ihren Köpfen gerade ein Jumbo-Jet vorbei. Außerdem tragen Sie Kopfhörer, haben Ihren iPod voll aufgedreht und hören die Stones. Ach ja: eine Feuerwehrsirene heult auch noch. Und hatte ich schon den Alphornbläser und die Trommler im Kofferraum erwähnt? Wahrscheinlich werden Sie kein Wort verstehen. Und den Delfinen in Hongkong geht es ganz genau so! Sie hören sich nicht mehr – und das führt früher oder später zum Tod der Delfine, denn ohne Kommunikation können sie nicht überleben.

Alle Delfine sind ausgesprochene Hör-Tiere, was schon an der Größe des dafür zuständigen Hirnareals deutlich wird. Und sie sind zweisprachig. Mit ihrem schnatternden Gekreische kommunizieren sie, tauschen Warnrufe, Angriffssignale oder Koselaute aus. Wie bei anderen Walen ist es nicht unwahrscheinlich, dass sie sich untereinander mit individualisiertem Gefiepse ansprechen – sie geben sich gegenseitig Namen!

Die hochfrequenten Knarzlaute haben hingegen eine andere Funktion: Sie dienen der Orientierung, sind das Echolot, mit dem sie Hindernisse, Beute oder gefährliche Angreifer lokalisieren. Der Schall wird von Fischen, Felsen oder Frachtern reflektiert und in der Melone wieder aufgefangen. Dieses Organ, eine große Beule oberhalb der Augen, verarbeitet den Schall blitzschnell zu einer akustischen Landkarte, die das Fischen im Trüben erlaubt. Delfine sehen also mit ihrem Gehör, was in der Schmierbrühe des Pearl River Delta auch die einzige Möglichkeit ist, überhaupt etwas zu erkennen.

«Können Delfine bei diesem Lärm überhaupt schlafen?», frage ich Lindsay, während ich die Hydrophon-Kopfhörer absetze. «Schwer zu sagen, doch es steht fest, dass Lärm die Tiere enorm stresst. Delfine leiden körperlich darunter, sie verlieren im Extremfall ihren Orientierungssinn, können nicht mehr jagen und müssen sterben. Wahrscheinlich haben sie kaum Gelegenheit, ausreichend zu ruhen.» Schlaflos in Hongkong also – ich nicke verständnisvoll, denke an meine letzte Nacht und nehme noch eine Kopfschmerztablette. Wenigstens wird mein Kater mich nicht umbringen.

Delfine haben eine kuriose Art zu schlafen. Sie können nicht einfach einpennen, denn dann würden sie als lungenatmende Säugetiere ertrinken. Also dösen sie seitenweise, mal links, mal rechts. Jeweils nur eine Gehirnhälfte wird abgeschaltet, die andere kann Grundfunktionen wie langsames Schwimmen und Oberflächenatmung auch alleine wuppen. Hängt rechts das Augenlid runter, wird links fleißig weiter nach Gefahren geschielt. Ich habe selbst ausprobiert, so zu dösen, bin aber nie über ein eingeschlafenes Bein hinausgekommen. Wie schade, denn könnte ich ruhen wie ein Delfin, bräuchte nie wieder ein Hotel, sondern würde einfach ein paar Stunden lang im Park im Kreis laufen. Erst rechts rum, dann links rum – und dann Frühstück.

So aber bin ich weiter auf anonyme, dünnwandige Herbergen wie die in Hongkong angewiesen und kann nicht entspannen, wenn im Nebenzimmer jemand laut schnarcht. Ich bin eben empfindlich. Genau wie die Meeressäuger*, die zu den sensibleren und intelligenteren Lebensformen auf diesem Planeten zählen.

Es gibt etwa 40 verschiedene Delfinarten, sie alle gehören zu den Zahnwalen.

Die Delfine haben eine halbwegs komplexe «Sprache», ein ausgeprägtes Sozialverhalten, ausgefeilte Jagdstrategien, sind lernfähig, verspielt und, da sind sich viele Forscher einig, verfügen angeblich über ein Selbstbewusstsein. Sie sind in der Lage, sich selbst in einem Spiegel zu identifizieren, sie wissen also, dass sie existieren. So wie Sie und ich. Zumindest, wenn man die Nacht zuvor nicht im «Insomnia» verbracht hat.

Die meisten Delfine haben viel im Kopf, das steht fest. Zumindest quantitativ. Das Verhältnis von Hirn- und Körpergewicht liegt bei ihnen höher als bei Schimpansen und nur wenig unter dem menschlichen Vergleichswert. Und noch ein weiteres Indiz weist auf kognitive Fähigkeiten deutlich über dem Niveau von Big-Brother-Container-Bewohnern hin: Die Großhirnrinde, gemeinhin als Ort der guten Ideen angesehen, ist bei den Flippern noch stärker gefurcht, gefaltet und geknittert als bei uns, bietet also viel mehr «Denk»-Fläche, da geknüllte Oberflächen größer sind als glatte.

Neuere Untersuchungen relativieren allerdings die Pfiffigkeit der pfeifenden Schwimmtiere und zeigen: Die hydrodynamischen Schnellschwimmer können nicht mal Ratten oder Tauben das

Wasser reichen.* Der Cortex* erwies sich bei Messungen als zwar flächig, aber extrem dünn. Außerdem sitzen auf der komplexen Hirnrinde nur vergleichsweise wenige Nerven-, dafür aber sehr viele Gliazellen. Die sind nach traditioneller Sichtweise* nicht nur, aber hauptsächlich dazu da, Nervenzellen mechanisch zu fixieren, also miteinander zu verleimen.* Sie sind sozusagen nur die Stützstrümpfe der Intelligenz, taugen aber nicht als Leitungen für Geistesblitze. Groß, richtig groß, sind vor allem die Hirnbereiche, die für die Verarbeitung von akustischen Signalen und die Bewegungssteuerung zuständig sind.* Hmmm. Demzufolge wären die Delfine nicht die Einsteins der Ozeane, sondern lediglich hochspezialisierte Fachidioten, die zwar irre elegant und dabei schnatternd durch einen Reifen springen können, ansonsten aber von jedem Hausschwein intellektuell in die Pfanne gehauen werden.

Einige Wissenschaftler haben sogar die These aufgestellt, der Riesen-Denkapparat der Kunstschwimmer sei weniger zum Denken als vielmehr zur Temperaturregulierung da. Die stark gefaltete Hirnrinde funktioniere im Prinzip nicht anders als eine Isoliermatte – weil Wasser nun mal kalt sei und Delfine Warmblüter, hätten sie so eine Art Glaswolle in der Birne, um die wenigen Denkzellen thermisch zu schützen. So weit wollen wir, die wir Flipper doch so lieben, natürlich nicht gehen. Zum Glück ist die Mehrheit der Delfinforscher noch auf unserer Seite und erfreut sich nun an despektierlichen Bemerkungen über die faltenlosen Hirnrinden gewisser Kollegen.

Knittrige Oberflächen sind im Allgemeinen schon ein Hinweis auf Intelligenz. Wohlgemerkt: Knittrige Hirn- und nicht faltige Gesichtshaut. Sonst wäre Keith Richards ja der klügste Mensch der Welt. Seine Falten sind wirklich beeindruckend, ich habe ihn mal getroffen und ihm peinlicherweise während unseres kurzen

Zumindest nicht beim Abstrahieren, also z. B. beim Erfassen geometrischer Figuren und Konzepte.

Großhirnrinde

Einige neuere Forschungen weisen allerdings darauf hin, dass auch Gliazellen direkt an der Informationsverarbeitung beteiligt sein könnten.

Der Name «Gliazelle» ist vom griechischen Begriff für Leim abgeleitet.

Quelle für die Daten über Delfinhirne: Veröffentlichung von Prof. Dr. Onur Güntürkün, Ruhr-Universität Bochum, und Dr. Lorenzo von Fersen, Tiergarten Nürnberg.

Gesprächs nie in die Augen, sondern bloß in die kutanen Schluchten geschaut, was er hoffentlich – wahrscheinlich – überhaupt nicht bemerkt hat.

Ein Blick in sein Gesicht führt uns auf drastische Weise die Vergänglichkeit des Seins vor Augen. Falten sind schließlich die ersten Vorboten des Verfalls, des Siechtums und des Todes. Außer bei Keith. Bei ihm sind sie cool.

Viele von uns geben Unsummen für Anti-Aging-Produkte aus, ohne dass dies der optischen Vergreisung wirklich Einhalt gebieten könnte. Delfine sind uns da mehr als einen Flossenschlag voraus, sie brauchen weder Gurkenmasken noch Cremes voller Koenzyme oder Kollagene. Das Zauberwort heißt «Peeling», und bei Familie Flipper ist es serienmäßig. Die äußeren Hautzellen werden etwa alle zwei (sic!) Stunden (beim Menschen: alle vier Wochen!) abgestoßen und komplett erneuert. Diese permanente Regeneration weist Fremdkörper oder Krankheitserreger ab und reduziert außerdem den Strömungswiderstand. Natürlich gibt es schon Forscher, die so was auch in unserer Haut installieren möchten. Hätten sie bereits Erfolg gehabt, würde Keith Richards heute so aussehen wie der Junge auf der «Kinderschokolade»-Packung. Das wäre dann das Ende des Rock 'n' Roll.

Die große Frage ist natürlich: Warum sind die Delfine vor Hongkong rosa und nicht weiß, so wie die anderen *Sousa-chinensis*-Populationen der Welt*? Die Fachwelt staunt, die Experten streiten sich, es gibt keine endgültige Antwort. Nur Thesen. Unsinn ist wahrscheinlich die Idee, es liege an den Shrimps, die der *Pink Dolphin* fresse. Andernorts, bei Flamingos, funktioniert das zwar tatsächlich.

Das *Sousa-chinensis*-Verbreitungsgebiet umfasst die Ostküste Afrikas, das südliche Asien sowie Gebiete vor den Philippinen, Indonesien und Australien – überall ist die Art vom Aussterben bedroht.

In Rosa sieht selbst ein Buckel gut aus.

Die Vögel verdanken ihr buntes Gefieder den Carotinoi-den*, die sie mit dem Plankton aus dem Wasser schnä-beln. Doch Säugetiere nehmen nicht die Farbe ihrer Nah-rung an, schließlich sind Kühe auch nicht grün, nur weil sie täglich ins Gras beißen. Diese Regel gilt für alle Säuger, obwohl ich zugeben muss, schon Computerfreaks gesehen zu haben, die farblich und geruchlich sehr an «Cheese and Onion» erinnerten, die Geschmacksrichtung ihrer Lieblings-Kartoffelchips.

Ebenfalls nicht überzeugend dünkt die Annahme, die Haut der Delfine lasse, weil sie hauchdünn sei, die Blutgefäße durchschim-mern und sei deshalb rosa. Dann stellte sich nämlich sofort die Folgefrage, wozu solche Dünnhäutigkeit denn gut sein soll. Auch nicht logisch erscheint mir der Ansatz, im braunen Delta-Wasser sei eine Signalfarbe hilfreich, damit die Rudelkollegen, bis zu fünf Tiere, sich nicht aus den Augen verlieren. Denn ausgerechnet die kleinsten und langsamsten Familienmitglieder, die Nachwüchslinge, sind eben nicht rosa, sondern baby-grau. Das kann es also auch nicht sein.

«Intensive Haut-Pigmentierung, also zum Beispiel eine graue Färbung, hat in so schmutzigem Wasser und bei der hier häufig dichten Bewölkung offenbar keinen herausragenden Nutzen», formuliert Lindsay vorsichtig. Anders gesagt: Die Delfine brauchen keine Tarnfarbe, weil sie im Schmuddelwasser sowieso keiner sehen kann. Die rosa Haut wäre dieser These zufolge überhaupt kein Körpermerkmal, das aktiv einen bestimmten Zweck erfüllt, sondern lediglich das Ergebnis des Weglassens eines anderen Körpermerkmales, nämlich der Tarnung, der Pigmentierung. So wie eine Zahnlücke in Ihrem Mund: Sie ist zu nichts nutze und existiert nur, weil es an dieser Stelle keinen Zahn mehr gibt. Sie ist nur durch die Abwesenheit des Zahnes definiert, würde er zurückkehren, hörte die Lücke auf zu sein. Es ist also ganz, ganz einfach: Die Delfine sind rosa, weil sie nicht grau sind. Aber das ist nur meine Theorie. Und was weiß ich schon?

In Freiheit kann *Sousa chinensis* ungefähr 40 Jahre alt werden. Er scheint das Sensibelchen der Delfin-Sippe zu sein. Im Meer ist er, im Gegensatz zu anderen Arten, die ich schon häufig auf den Bugwellen von Schiffen habe reiten oder unter Wasser mit Tauchern

Zwei Schottinnen und ein Kopfschmerz

spielen sehen, ziemlich scheu. In Gefangenschaft, wo Tümmler mehr oder weniger freudig akrobatische Sprünge vollführen, vereinsamen, verkümmern und sterben die Sonderlinge oft. Kaum einer erreicht seine natürliche Altersgrenze, und den Sex verweigern sie auch. Ich kenne nur einen Fall, in dem ein Rosa Delfin in einem Aquazoo geboren wurde: in der «Underwater World» in Singapur. Doch auch dieser kleine Erfolg ist kein echter Trost, das hilft den Artgenossen im Hafen von Hongkong auch nicht.

Wirklich helfen würde nur ein großes, streng abgeschirmtes Schutzgebiet im Pearl River Delta, meinen Lindsay und ihre Mitstreiter. Ich schlage darüber hinaus vor, Hongkong komplett abzureißen und den Weltschiffsverkehr umzuleiten – stattdessen planen die Behörden neue industrielle Großtaten, ein Flüssiggas-Terminal für Supertanker mit angeschlossener Pipeline zum Beispiel, ausgerechnet bei den Soko-Inseln, dem bisher geschützten Rückzugsgebiet der Delfine. Es gibt viele Ideen dieser Art. Ob auch in Zukunft noch rosarote Flipper vor der imposanten Skyline auf Fischfang gehen, ist deswegen, ehrlich gesagt, wenig wahrscheinlich. Doch Lindsay und Co wollen noch nicht aufgeben. Schotten sind schwer unterzukriegen, das wird Ihnen jeder Engländer sofort bestätigen.

Als wir abends vom Beobachtungsboot klettern, ist noch eine Frau vom WDCS mit dabei, eine Freundin von Lindsay, ebenfalls blond, ebenfalls Schottin. Vielleicht gibt es ja irgendeine abgefahrene Verbindung zwischen blonden Schottinnen und rosa Delfinen, die bisher noch niemand erforscht hat? Beim Abendessen erläutern die beiden jedenfalls, welche Maßnahmen *Sousa chinensis* eventuell helfen könnten. Sie reden klug über Schutzzonen, Klärwerke, Fischfangquoten, Ökotourismus. Außerdem entfalten sie einen rustikalen Humor, der jede Burg-Orgie in den schottischen Highlands schmücken würde. Derbe Witze, lautes Lachen, es wird spät, und mir wieder schlecht. Die Schottinnen lieben nämlich nicht nur Delfine, sondern auch Bier. Sie sind trinkfest. Und ich bin schon wieder schlaflos in Hongkong.

Schlechtes Karma
Sie werden uns vernichten: Ratten

Fleisch ist
ein Stück
Lebenskraft:
Pausensnack in
Kambodscha

Falls Sie meinen, die Menschheit sei durch Erderwärmung, Ozonloch, Rinderwahnsinn, Vogelgrippe, Überbevölkerung, Genmais, Ebola, abschmelzende Polkappen oder allgemeine Verfettung in ihrer Existenz bedroht, haben Sie mit Sicherheit recht.

Doch bevor irgendetwas davon uns umbringt, machen uns die Angehörigen der Gattung *Rattus* platt! Sie übernehmen die Weltherrschaft, und nur wenn wir Glück haben, setzen sie uns *Homo sapiens* dann auf die Rote Liste der bedrohten Arten und lassen ein paar von uns im Zoo überleben. Ich sehe die Käfigbeschriftung schon vor mir, in Murinae*, der Rattensprache:

«Trockennasenaffen* sind in freier Wildbahn ausgestorben, es gibt nur noch einige Exemplare in Gefangenschaft. Zuchtprogramme verlaufen vielversprechend, da die Tiere anspruchslos und leicht zu halten sind. Eine Wiederauswilderung ist zur Zeit nicht geplant. Dieses adulte Männchen hört auf den Namen Dirk. Bitte nicht füttern. Der Direktor»

Der Ausgang des Kampfes um die Weltherrschaft zwischen Mensch und Maus (auch Ratten sind Mäuse!) ist genauso vorhersehbar wie das Landeverhalten einer fallenden Toastscheibe. Beides ist zwar wissenschaftlich kaum zu belegen, dennoch steht fest: Die Marmeladenseite landet unten und die Ratten gewinnen.

Mit welcher Chuzpe die Viecher sich schon jetzt in unsere intimsten Bereiche wagen, musste ich eines schönen Morgens auf einer sternförmigen Südseeinsel namens Carp Island am eigenen Leib erleben. Es war kurz vor Sonnenaufgang und ich döste selig vor mich hin, bis es anfing zu kribbeln, erst am Bein, dann in der Unterhose. Schließlich quälten sich die ersten lahmen Befehle vom Hirn in Richtung Auge und Hand: «Lid heben, Decke lupfen!»

Da saß sie zwischen meinen Beinen, die Nagezähne bedrohlich aus dem spitzen Maul ragend: dick, schwarz und selbstsicher, eine Ratte wie aus dem Bilderbuch. Mit kurzsichtigen Augen glotzte sie

Ratten zählen zu den «Murinae», also zur Unterfamilie der «echten Mäuse».

Trockennasenaffen sind eine Unterordnung der Primaten, zu der auch der Mensch gehört.

mich siegesbewusst an, beschnupperte unbefangen mein hilfloses Geschlechtsteil, ließ die Barthaare zittern und rieb ihren nackten Schwanz an meinem Schenkel. Alles an ihr strahlte die unmissverständliche Botschaft aus: «Ich könnte, wenn ich wollte.»

Irgendwann drang dieses Bild durch die Augen in mein schläfriges Bewusstsein – und ungefähr eine tausendstel Sekunde später stand ich hysterisch kreischend auf meinem Kopfkissen.

Ich bin Ratten-Phobiker. Immer gewesen. Schlangen, Spinnen, Bandwürmer, Haie, Blutegel, Löwen oder Wanzen – alles kein Problem. Nur beim Anblick von Ratten fluten Angsthormone mein Hirn. Beim Anblick wilder Ratten. Zahme kann ich mir sogar auf die Schulter setzen. Diese war aber nicht zahm. Entsprechend habe ich auch reagiert: mit nackter, entwürdigender Panik. Ich halte Ratten für prinzipiell unbesiegbar, und dass auf Carp Island eine philippinische Köchin wenig später den bepelzten Eindringling kurzerhand mit einem Schrubber erschlug, beweist gar nichts.

Tierphobien sind eine seltsame Sache. Ich traf Menschen mit krankhafter, irrationaler Angst vor Haien, Hunden, Krokodilen, Vögeln oder Schlangen, kenne sogar einen renommierten Spinnenforscher*, der unheilbar arachnophobisch ist, und habe eine Kollegin, die schon beim Anblick von Fisch-Fotos hyperventiliert. Diese Leute sind natürlich alle verrückt. Wären sie es nicht, müssten sie zugeben: Ratten! Es sind die Ratten, die uns bedrohen!

Siehe das Kapitel «Boris sucht die Superspinne».

In Deutschland werden schätzungsweise 200 000 davon als Haustiere gehalten. Meiner zugegebenermaßen phobisch eingetrübten Ansicht zufolge sind das alles nur oberflächlich domestizierte Schläfer, Spione, die sich bei naiven Tierfreunden eingeschlichen haben und nachts heimlich mit ihren frei lebenden Verwandten Umsturzpläne schmieden.

Die Ratten-Gesellschaft ist überall: Das Prekariat hat sich in der Kanalisation eingerichtet, der Adel in schlecht bewachten Speisekammern und Restaurants, der soziale Mittelbau im Park, in der

Mülltonne, dem Heizungskeller, der Wandverkleidung, auf dem Dachboden, in der Garage, unter dem Komposthaufen, in der Zwischendecke und wahrscheinlich auch unter dem Stuhl, auf dem Sie gerade sitzen.

Experten schätzen, man sei in einer deutschen Stadt nie weiter als sieben Meter von der nächsten Ratte entfernt. «Insgesamt leben in unserem Land wohl so um die 300 Millionen, das sind fast vier pro Einwohner», vermutet Werner Steinheuser, ein beleibter, gut gelaunter Schädlingsbekämpfer aus Düsseldorf, «und es werden immer mehr». Mit Werner streife ich durch die Keller von Wohnsilos, die penetrant nach Rattenurin stinken, lupfe verdächtige Gullydeckel und kontrolliere Giftfallen. «Ich liebe meinen Job», versichert Werner. Lieben Sie Ihren auch?

Als Kammerjäger hat er es mit einem gewieften Feind zu tun. Ratten sind scheu, meiden das Licht, bevorzugen die Nacht und die Dämmerung, huschen fast nie übers offene Feld, suchen immer Deckung. Auch die Sache mit dem Gift ist nicht so einfach. Rattenrudel nutzen nämlich Vorkoster, um neue Nahrungsquellen auf Verträglichkeit zu testen. Im Rotationsverfahren nascht jeweils nur ein Tier an unbekannten Leckereien, die anderen warten. Geht es dem Testesser nach einem Tag noch gut, gönnen auch sie sich einen Snack. «Stirbt der Vorkoster, meidet das ganze Rudel unsere Köder», erläutert Werner. Wer jemals in einem All-inclusive-Urlaubsresort gewesen ist und das Sozialverhalten hungriger Pauschaltouristen am Buffet beobachten musste, erkennt schon hier ein klares IQ-Gefälle zu Ungunsten der Hominiden. Ein Satz vergifteter Würstchen, und die ganze Reisegruppe ist hin.

Wann die Ratten das mit dem Vorkoster herausgefunden haben, weiß niemand so ganz genau. Dieses Verhalten könnte aber eine erlernte Reaktion auf menschliche Nachstellungen sein, denn schon im alten Rom wurden Giftköder ausgelegt, um leidige Cäsaren und andere Palastratten loszuwerden. «Heutzutage benutzen wir langsam wirkende Stoffe, um die Vorkoster zu überlisten», verrät Ratten-Ripper Werner. Diese sogenannten Cumarinderivate senken die Gerinnungsfähigkeit von Blut und erhöhen die Durchlässigkeit der Gefäße. Nach ein paar Tagen stirbt das Opfer an inneren Blutungen, und die Rudel-Freunde können nicht mehr feststellen, welcher Happen der schlechte war. Touché!

Leider tauchen in letzter Zeit immer öfter «Mutanten aus dem Gully»* auf, bei denen die Cumarinderivate nicht mehr wirken. Die Tiere werden immun! Schon in wenigen Jahren könnten die Nachfahren dieser mutierten Superratten uns das Leben schwer machen, anpassungsfähig und fast unkaputtbar. Also doch nicht touché.

Zitiert aus dem «Spiegel», 11/2007

Gerissen, sogar ausgesprochen clever, sind die kieferorthopädisch auffälligen Vierbeiner leider auch. Einer aktuellen Studie zufolge* übernehmen sie nur Aufgaben, die sie von vornherein auch für machbar halten. Erscheint die Sache zu aufwendig, versuchen sie es nicht einmal. Das ist Abstraktionsvermögen, das ist antizipierende Intelligenz, das ist Metakognition, denn es bedeutet: Die Tiere können ihre eigenen Denk- und Wissensleistungen einschätzen, sie wissen, was sie nicht wissen – und da wir von uns selbst offenbar oft nicht wissen, was wir nicht wissen, sollten wir wissen, wie bemerkenswert das Wissen der Ratten um ihr Nicht-Wissen ist! Ich hoffe, Sie wissen, was ich meine?

Durchgeführt von den Psychologen Foote und Crystal, Universität Georgia, Athens

Im angedeuteten Experiment muss das einzelne Tier zwar nur Tonlängen erkennen und jeweils vor Beginn einer Testreihe entscheiden, ob die Anstrengung einer Teilnahme am Versuch überhaupt zum Erfolg führen kann – genauso kompetent, befürchte ich, könnten die Schlaumeier aber auch den Bauplan eines Atomkraftwerkes lesen und durch Anknabbern der richtigen Kabel gezielt einen Super-GAU herbeiführen, der uns auslöscht, während sie in ihren Erdhöhlen auf das Ende des atomaren Winters warten.

Die Monster-Nager können noch mehr: Sie senden Späher aus, um unbekannte Territorien zu erkunden und neue Nahrungsquellen zu finden, über die der Kundschafter die anderen dann mittels Duft-, Ton- und Körpersprache informiert. Rudel beschützen gemeinsam den Nachwuchs und sollen sogar blinde Artgenossen vor dem Hungertod bewahren, indem sie diese zu den Futterstellen führen. Wir brauchen für so was einen Zivi, und der macht das nicht mal freiwillig. In Sachen sozialer Kompetenz sind wir also auch die Verlierer.

Seit die Zweibeiner sesshaft wurden und begannen, ihre Ernten zu lagern, herrscht Krieg, weil die vermehrungsgeilen Schwanzträger unsere Nähe suchen und sich auf unsere Kosten durchfressen. Die Geschichte über die Rattenplage von Hameln, der zufolge die Stadt im Jahre 1284 besonders schlimm unter den quiekenden Mitessern gelitten haben soll, könnte durchaus einen wahren Kern haben. Hameln war damals eine Mühlenstadt und folglich Schlaraffenland für Ratzen. Glücklicherweise konnte ein Pfeifenheini in Strumpfhosen die Viecher dann in der Weser versenken.

So einen könnten wir jetzt wieder gebrauchen, denn in Entwicklungsländern wird schätzungsweise die Hälfte aller Lebensmittel von Maus und Co. vernichtet.* Statt Spendensongs zu singen sollte Bono also vielleicht besser ein paar Rattenfallen aufstellen. Aber das hilft auch nicht, weil die schlauen Schmarotzer Fallen absichtlich auslösen können, um dann in Ruhe die Köder zu fressen. Es ist, drastisch formuliert, zum Kotzen, was übrigens eines der wenigen Dinge ist, die wir draufhaben und sie nicht, da ihr Verdauungssystem diese Schutzfunktion nicht entwickelt hat. Aber können wir darauf stolz sein, wird uns das retten?

Quelle: WDR Radio 5, Leonardo vom 10. April 2002

Zum Dank fürs kostenlose Futter kriegen wir von ihnen die Pest. Und nicht nur die. Geschätzte 120 verschiedene Krankheiten kann *Rattus* uns, zumindest theoretisch, direkt oder indirekt anhängen, darunter so tolle Sachen wie Fleckfieber, Tuberkulose, Typhus, Cholera, Ruhr, Salmonellen, Hanta-Viren* oder Rattenbissfieber. Kanalarbeiter, Schädlingsbekämpfer, Soldaten und andere Frontschweine, die den

Hanta-Viren können verschiedene Krankheiten mit tödlichem Ausgang verursachen.

Viechern, ihrem Urin, Speichel oder Kot berufsbedingt nahe kommen, fürchten besonders die Weil-Krankheit*, die im schlechtesten Fall tödlich verlaufen kann. Etwa 20 Infektionsfälle werden pro Jahr allein in Deutschland gemeldet, aber die Dunkelziffer ist wahrscheinlich sehr hoch, da die Symptome einer schweren Grippe ähneln und oft nicht erkannt werden. Rattenjäger Werner hat bisher Schwein gehabt. «Aber es kann jeden von uns erwischen. Jederzeit», fügt er mit grimmigem Gesichtsausdruck hinzu, den man sonst nur von den Hauptdarstellern in Kriegsfilmen kennt. Werner weiß auch, wo die Front verläuft: «Entlang unserer Mülltonnen! Ratten lieben Unrat!» Hmm. Bisher habe ich unsere stalinistische Hausmeisterin immer bespöttelt, weil sie die gesamte Nachbarschaft zwingt, unsere Mülltonnen mit einem dicken Vorhängeschloss zu sichern. Vielleicht hat sie doch recht?

Die Krankheit wird durch verunreinigtes Erdreich oder Wasser übertragen; benannt nach dem Forscher Adolf Weil.

Tief in die kollektive Erinnerung der Menschheit haben sich die großen europäischen Pestepidemien eingebrannt. Zwischen 1347 und 1353 verreckten schätzungsweise 25 Millionen am Schwarzen Tod, was einem Drittel der damaligen Gesamtbevölkerung Europas entspricht. Die Pest entvölkerte ganze Landstriche, die gesamte damals bekannte Welt schien unterzugehen. Und wer war schuld? Natürlich die Untergrundkämpfer mit dem Überbiss! Die schleppten nämlich in ihrem Fell den Floh *Xenopsylla cheopsis* mit, der auch Menschen beißt und dabei Pestbakterien übertragen kann.* Einen ähnlichen Dezimierungserfolg konnten wir bei den Ratten noch nie erzielen. Wieder ein Punkt für Rattus.

Inzwischen wird diese monokausale Erklärung der Epidemien allerdings angezweifelt, auch eine virale Infektion erscheint möglich.

Das am weitesten verbreitete Nagetier der Welt ist (nach uns!) auch der größte Artenkiller. Er tötet nicht nur durch Krankheiten, sondern oft auch durch eigenes kraftvolles Zubeißen. Überall dort nämlich, wo es ursprünglich keine Ratten gab, also zum Beispiel in Neuseeland, hat deren Einwanderung innerhalb kürzester Zeit lokale Tierarten an den Rand der Ausrottung getrieben. Die Erklärung ist einfach: Die betroffenen

Spezies, also zum Beispiel bodenbrütende Vögel, haben keine Abwehrmaßnahmen entwickelt, weil sie ja nicht damit rechnen konnten, dass nach einigen zigtausend Jahren ungestörten Bodenbrütens plötzlich derart gierige Eierdiebe auftauchen. Die Ratten haben leichtes Spiel, fressen die Nester leer, vermehren sich explosionsartig und rotten die Ureinwohner aus. Auf kleinen Brutinseln von Seevögeln zum Beispiel kann so was ganz schnell und endgültig passieren. Das Peinliche an der Sache ist allerdings: Ohne unsere Hilfe, ohne Schiffe und Flugzeuge, in denen sie als blinde Passagiere mitreisen, hätten die Ratten diese Orte nie erreicht.

Weltweit zählt man ungefähr 50 Rattenarten. *Rattus rattus*, die Hausratte, ist schon länger bei uns in Europa heimisch und inzwischen geradezu selten geworden, da die größere, schwerere, kräftigere und aggressivere Wanderratte sie im 18. Jahrhundert weitgehend verdrängte. Sie stammt ursprünglich aus dem asiatischen Osten, *Rattus mongolia* wäre also als lateinische Bezeichnung passend gewesen. Doch Naturforscher John Berkenhout* entschied sich für *Rattus norvegicus*, weil er irrtümlich glaubte, die Tiere seien 1728 aus Europas Norden in seine britische Heimat gelangt. Dabei gab es damals bei den Nordmännern noch gar keine Tiere dieser Art. Das ist irgendwie alles schiefgelaufen, aber heute kräht kein Hahn mehr danach.

Britischer Arzt und Naturforscher, 1726–1791.

Ratten können theoretisch aus den Tiefen der Kanalisation in unsere heimische Kloschüssel emportauchen, um uns heimtückisch von hinten anzufallen. Die Tiere sind nämlich nicht nur gute Schwimmer, sie können tatsächlich auch Tauchleistungen erbringen, die eine Teilnahme an Apnoe-Wettkämpfen rechtfertigen würden – nur moderne Siphons verhindern solche Anal-Attacken. Es heißt, Wanderratten erbeuteten auf ihren Tauchtouren sogar Fische! Die nordaustralische Wasserratte, um ein anderes Beispiel zu nennen, ernährt sich während der Regenzeit sogar hauptsächlich von Wassertieren, ist aber flexibel genug, die Diät bei einsetzender Trockenzeit auf Eier und Küken unglücklicher Vogeleltern umzustellen.

Norvegicus kann senkrechte Wände erklimmen, springen, auf einem Drahtseil balancieren und sich durch Löcher quetschen, die kleiner sind als ihr Körperdurchmesser. Die zähen Pelzträger überleben unverletzt Stürze aus mehreren Metern Höhe. Kurz: Sie lassen jeden Zirkusakrobaten alt aussehen. Dabei helfen ihnen feine Krallen, ein extrem verformbares Skelett und ein technisches Meisterwerk an ihrem Hintern. Der Schwanz einer Ratte ist ungefähr genauso lang wie der ganze Körper. Er dient nicht nur als fein austarierte, flexible Balancestange beim Klettern. Er hilft außerdem beim Temperaturmanagement, ist also eine Art Kühlstab für Ratten mit Hitzewallungen. Und nackt ist das Ding auch nicht wirklich, sondern von Schuppen besetzt, zwischen denen Tasthaare herausgucken, die bei der Orientierung helfen.

Als Nagetiere verfügen alle Rattus-Arten über sehr harte Zähne mit extra dickem Schmelz, die ein Leben lang nachwachsen, sich aneinander scharf schleifen und hart genug sind, um Betonwände, Aluminium oder Blei aufzubeißen. Noch ein Detail, an dem die Überlegenheit über das kariöse und zahnfleischblutende Menschengeschlecht deutlich wird.

Die Beiß Bestien sind – wie wir – Allesfresser, allerdings in der weitesten denkbaren Interpretation dieses Begriffes. Wer sich seine Nahrung aus den gewaltigen Scheiße-Strömen in der Kanalisation der Megastädte holen kann, der ist nämlich wirklich ein Allesfresser.

Ratten sind also keine Gourmets, können sich außerdem an fast jeden Lebensraum, von der Müllhalde über den Hühnerstall bis hin zur afrikanischen Savanne, anpassen und fühlen sich sowohl in sibirischer Kälte als auch in karibischer Hitze wohl.

Noch beeindruckender sind ihre Sinnesleistungen. Die Ohren können wie kleine Radarschüsseln geschwenkt werden und machen noch Frequenzen im Ultraschallbereich hörbar, sogar über 20 Kilohertz, wo wir nur noch Bahnhof verstehen. Im Hochfre-

Wir wollen niemals auseinander-geh'n!

quenzbereich tauschen die Tiere denn auch viele ihrer Botschaften aus, denn sie können auch Ultraschall «sprechen».

Ihre Nasen sind vom Allerfeinsten und erlauben ihnen, Feinde bereits zu wittern, lange bevor diese in Sichtweite sind. Sie erschnuppern die Pfade von Artgenossen, Urinmarken von Rudel-Freunden, die persönliche Duftnote von Verwandten. Daher werden sie auch «Große Riecher» genannt: «Makrosmaten».

Sie spüren Erschütterungen und haben Tasthaare, sogenannte Vibrissen, an der Schnauze und über den Augen, die so empfindlich sind, dass die Tiere sich damit auch in absoluter Dunkelheit problemlos orientieren können. Spezielle Leithaare am Körper haben eine ähnliche Funktion, an den entsprechenden Haarwurzeln sitzen besonders sensible Nervenzellen.

Und dann sind da noch die wirklich beeindruckenden Reproduktionsergebnisse: Bei meistens 6 bis 14 Kleinen pro Wurf er-

geben sich unter idealen Bedingungen erstaunliche Populations-
schübe, denn ein Weibchen kann alle zwei Monate werfen. Ein
paar Stunden nach der Niederkunft lässt sie den erwählten Rat-
tenbock schon wieder aufreiten. Ihre Nachkommen sind ebenfalls
nach zwei Monaten geschlechtsreif, sodass innerhalb eines Jah-
res aus einem einzigen Pärchen bis zu 1000 neue Makrosmaten
werden. Für Freunde der Exponentialrechnung tut sich hier ein
wahres Recheneldorado auf.

Abtreibungsdiskussionen müssen Rattenweibchen übrigens
auch dann nicht befürchten, wenn ihre Art die Weltherrschaft
übernommen hat und verschiedene rattische Weltreligionen
moralische Vorschriften in die Welt setzen. Denn ohne fremdes
Zutun kann eine Rättin noch bis eine Woche vor der Geburt ihre
Jungen «absorbieren», was nichts anderes ist als ein schöneres
Wort für «auflösen». Das tun sie, wenn die äußeren Umstände gerade nicht passen. Jedes Rattenkind ist also ein Wunschkind. Und
dann können die verschlagenen Damen noch etwas, das mich an
die Samenklau-Affäre eines gewissen Ex-Tennisprofis erinnert:
Sie können Sperma speichern und sich dann bei Bedarf selbst be-
fruchten.

Als Teufelsgetier und Unheilsbringer galten und gelten sie – oft
zu Recht. Denn je mehr Tiere, desto größer ist tatsächlich auch
das Risiko von Epidemien. Hungersnöte brachen aus, wenn Rat-
tenplagen die Menschen heimsuchten und ihre Kornspeicher leer-
fraßen. Doch geradezu panisch waren die Reaktionen, wenn ein
Rattenkönig auftauchte, ein wirklich unheimliches Ding, bei dessen Anblick ich Verständnis für die obskursten Erklärungen und
den wildesten Aberglauben entwickle.

Rattenkönige sind selten beschriebene Phänomene und sehen
so aus wie monströse Superwesen mit vielen Körpern und Köpfen, die nackten Schwänze in einem wirren Knäuel untrennbar
verbunden. Der wohl berühmteste Rattenkönig wurde 1828 im
Schornstein eines Hauses in Buchheim bei Eisenberg (Thüringen)
gefunden: 32 mumifizierte Individuen, fest miteinander verwach-

sen. Der Fund ist halbwegs gut erhalten und wird im Altenburger Mauritianum ausgestellt.

Solche Monster sind natürlich ein klarer Fall von Teufelswerk! Rattenkönige galten früher als extrem schlimm-böses Höllen-Omen, als wahrhaft satanische Geschöpfe. Leider haben sich solche religiöse Deutungen von Naturphänomenen in der Vergangenheit als wenig zuverlässig erwiesen. Man denke nur an die aus Männerrippchen gebastelte Eva oder die putzigen Evolutionsverneiner von den Zeugen Jehovas, die mit ihren bunten Heftchen in Bahnhofshallen rumlungern und behaupten, alle Nicht-Zeugen hätten sich bei der Entstehungsgeschichte des Lebens um ein paar Milliarden Jahre verrechnet.

Der Höllen-Chef war es also wohl eher nicht, der die Monster gebaut hat, auch wenn spirituell geprägte Seelen so was früher glaubten. Plausibler wirkt da schon die Theorie, es handele sich um ein von Platzmangel hervorgerufenes Phänomen. Ist das Nest zu eng und zu voll, können die Schwänze von Jungtieren verkleben, etwa durch Dreck, Blut und Exkremente. Wachsen die Kleinen dann, versuchen sie sich voneinander zu lösen, brechen die Schwänze und verwachsen an den blutigen Verletzungen immer fester miteinander. Dieser Erklärungsversuch wird von Röntgenaufnahmen gestützt. Da einige Rattenkönige angeblich lebend gefunden worden sind, liegt der Gedanke nahe, die verstümmelten Multi-Wesen seien von Artgenossen durchgefüttert worden. Aber das ist Spekulation, insgesamt bleibt die Sache dubios, denn gefälschte Exemplare hat es auch schon gegeben, die Unterscheidung fällt schwer.

Sicher ist: Als Ausdruck für untrennbar Verbundenes ist der Rattenkönig im Deutschen sprichwörtlich geworden, als Ekel-Vorlage international unerreicht, und in die Kunst hat er es auch geschafft – sogar in Tschaikowskys «Nussknacker» treibt einer sein Unwesen.

Bleibt noch zu erwähnen, welch unterschiedliche Rolle die Ratten in den Restaurationsbetrieben verschiedener Städte spielen. Während in New York im Jahr 2007 im Zuge eines «Ratten-Skandals» über 100 Fast-Food-Läden zumachen mussten, in diversen Filialen Ratten dabei beobachtet worden waren, wie sie nächtens scharenweise auf den Tischen tanzten, würde man sich in kambodschanischen Gourmet-Tempeln über einen solchen Besuch freuen. In Battambang, 300 Kilometer nordwestlich von Phnom Penh, sind gegrillte Ratten mit Zitronengras, Kurkuma und Knoblauch bei Feinschmeckern heiß begehrt. Das wird zwar den Krieg um die Weltherrschaft nicht zu unseren Gunsten entscheiden, aber immerhin ist es eine kleine Genugtuung. Finden Sie nicht?

Spritzharn im Spukschloss
Inkontinente Blutsauger
mit kleinem Hirn
und großen Hoden:
Vampire

Blutspenden
retten Leben!
Die Vampire
sagen Danke-
schön!

V ampir zu sein ist eigentlich prima. Nehmen wir nur mal Graf Dracula, den adeligen Super-Sauger mit den extralangen Eckzähnen.

Er kann fliegen!

Er ist unsterblich!

Er ist ein Star, bekannt aus Film und Fernsehen!

Doch auch das Leben eines prominenten Untoten hat so seine Schattenseiten, der Graf der Finsternis steckt in Kalamitäten: die moderne Wissenschaft legt den Schluss nahe, Dracula sei kein schauerlich-brillanter Dunkelmann, sondern lediglich ein tumbinkontinenter Sexprotz. Schuld daran sind seine tierischen Gene – und die verdankt er der lieben Verwandtschaft, genauer: *Desmodus rotundus*, dem Gemeinen Vampir.

Armer Dracula: Wie der Gemeine Vampir verbreitet auch er einen gemeinen Geruch. Keinen, der aus geringfügigen Defiziten bei der Körperhygiene entstanden ist, die man einem alten Mann 500 Jahre nach seinem Tod ja durchaus nachsehen könnte. Nein, ich spreche von einem olfaktorischen Albtraum: Schwere Urin-Aromen hängen über seinem transsilvanischen Prachtbau, der Friedhof müffelt fieser als jedes Bahnhofsklo, ein beißendes Odeur umwabert die imposante Gruft, die elegante Kutsche und den Chef-Vampir höchstselbst. Der coole schwarze Umhang: völlig eingenässt. Die seidig-weiße Polsterung seines Erdmöbels: übersät mit gelben Flecken. Diagnose: Harninkontinenz!

Der Grund für die bei Vampirfledermäusen und ihren anthropoiden Verwandten übliche Blasenschwäche: Blut ist nicht sehr nahrhaft, beinhaltet kaum Kohlenhydrate, und so braucht man vergleichsweise viel davon, um satt zu werden. Eine ausgewachsene Vampirfledermaus muss bis zu 40 Gramm verdrücken, um den knurrenden Magen zum Schweigen zu bringen. Etwa genauso viel wiegt das Tier selbst.

Falls Sie mal versucht haben sollten, an einem All-You-Can-Eat-Buffet zu Testzwecken Ihr Eigengewicht zu verdrücken, kennen Sie das schwerwiegende Problem, das Mensch und Vampir nach allzu ungehemmtem Gelage gleichermaßen belastet: Bewegungsunfähigkeit. In einer solchen körperlichen Verfasstheit kann auch *Desmodus rotundus* allenfalls noch ein Bäuerchen machen, er wäre unpässlich, flugunfähig und wehrlos.

Zur eigenen Erleichterung schaltet die überschwere Vampirfledermaus in diesen kritischen Momenten, noch am Hals des Opfers hängend, ihre Turbo-Nieren ein. Die entziehen dem Lebenssaft das Wasser, also etwa 80 Prozent der Gesamtflüssigkeit. Resultat: Schon nach wenigen Minuten fließt oben Blut und unten Pipi. Ich kenne kein anderes Säugetier, das so was hinkriegt: Blitzverdauung mit sofortigem Harnabgang. Entsprechend erleichtert können die Vampire anschließend davonflattern.

Mal angenommen, Dracula sei tatsächlich ein enger Verwandter von Desmodus und verfügte folglich auch über einen vergleichbaren Verdauungsapparat, und weiter angenommen, er gliche tatsächlich Christopher Lee, dem berühmtesten Eckzahn der Kinogeschichte*, dann ergäbe sich folgendes Szenario:

Der Graf, eins neunzig groß, neunzig Kilo schwer, müsste Nacht für Nacht mindestens zehn Leute aufbeißen, um ausreichend Flüssignahrung zu sich zu nehmen, also etwa 80 Liter und genauso viele Kilos. So viel passt aber in keinen Bauch, außerdem würde ein derart vollgetanktes Monster wahrscheinlich den Sargdeckel nicht mehr zukriegen, was bei Sonnenaufgang die bekannten, für Vampire recht unschönen Folgen hätte: Qualm, Rauch und ein Häufchen Asche wären dann alles, was von ihm übrig bliebe. Graf Dracula muss also. Und zwar immer und für immer. Denn nur das Spritzharnen direkt am Tat-Örtchen bringt Erleichterung und erlaubt die rechtzeitige Rückkehr in die Gruft.

Innerhalb der Fledertier-Ordnung, die sich in die Unterordnungen Flughunde und Fledermäuse gliedert, sind etwa 1100 (sic!) verschiedene Arten beschrieben. Die Flattermänner sind damit evolutionäre Bestseller, sie wer-

Es gibt unzählige Vampir-Horrorfilme, darunter einige cineastische Meisterwerke wie: «Nosferatu – eine Symphonie des Grauens» (1922) von Friedrich Wilhelm Murnau; «Tanz der Vampire» (1966) von Roman Polanski oder «Bram Stoker's Dracula» (1992) von Francis F. Coppola. Die bekannteste Bearbeitung ist aber «Dracula» von 1958, Regie: Terence Fisher, Hauptdarsteller: Christopher Lee.

Je nach Sichtweise der Systematiker gibt es zwischen 1 700 und 3 000 Nagetierarten.

Fledermäuse stoßen hochfrequente Rufe zwischen 9 und 200 kHz aus. Das Echo fangen ihre hochempfindlichen Ohren auf. Aus der Zeitverzögerung von gesendetem und empfangenem Ruf können sie Entfernungen bestimmen, aus dem Zeitunterschied, mit dem der Schall auf das linke und rechte Ohr trifft, auch die Richtung.

Gemeiner Vampir, Kammzahnvampir, Weißflügelvampir

Erreger sind verschiedene Lyssaviren. Weltweit sterben jährlich etwa 40 000 bis 70 000 Menschen an den von den Viren verursachten Gehirnentzündungen.

den in der Zahl der Arten innerhalb der Säugetier-Familie nur noch von den Nagern übertroffen*. Wer hätte das gedacht? Kopfüber in einer Höhle zu hängen und die Nacht zum Tag zu machen, scheint einiges für sich zu haben.

Kein anderes Säugetier kann richtig gut fliegen. Keines hat ein so leistungsfähiges Echoortungs-System*. Die Luftakrobaten sind wendiger als viele Vögel und sehen im Dunkeln mit den Ohren. Das können alle Fledermäuse. Aber nur drei Arten* (vier, zählt man Draculas Sippe als Tierart mit) entwickelten sich im Laufe der Evolution zu verhaltensauffälligen Soziopathen, die sich anderen Wesen nächtens an den Hals werfen, um Blut zu trinken.

Warum sie damit angefangen haben, habe ich nicht herausgefunden. Am plausibelsten erscheint mir eine Theorie, der zufolge die Vampir-Vorfahren ektoparasitische Tiere waren, also Insekten und Parasiten von der Haut eines größeren Wirtstieres fraßen. Knabberten sie zum Beispiel eine Zecke von einem Wasserschwein, kam oft noch ein Blutströpfchen mit. Vielleicht sind sie so auf den Geschmack gekommen?

Von den drei Vampir-Arten saugt nur eine, der Gemeine Vampir, Säuger aus, die anderen bevorzugen Vogelblut. *Desmodus rotundus* lutscht in Lateinamerika manchmal sogar an schlafenden Menschen. Gefährlich ist dabei nicht der Blutverlust, nach zwei Schnapsgläsern ist der Kleine ja schon voll, sondern die mögliche Übertragung von Tollwut und das Infektionsrisiko an der Wunde. Gibt es viele Vampire, steigt die Tollwutgefahr.*

Deshalb beschäftigt der Staat Venezuela im Gegensatz zu Transsilvanien einen hauptamtlichen Vampirjäger. Manuel Gonzalez Fernandez macht den Job seit dreißig Jahren und hat ziemlich wenig Ähnlichkeit mit Professor Abronsius aus Polanskis «Tanz der Vampire». Er ist ein kleiner, kräftiger Mann in den Fünfzigern, mit Haarkranz um den runden Schädel, breitem Gesicht und immer guter Laune. Er riecht auch nicht nach Knoblauch, nur ein bisschen nach Schweiß, aber das kann ich ihm nicht vorwerfen, denn es ist verdammt heiß in der Provinz Aragua. Schon vormittags fühlt es sich an, als würde jemand mit heißen, feuchten Handtüchern auf mich einprügeln. Ein Klima wie in der Sauna, nur gibt es hier weder Notaus noch Ausgang.

Ich treffe Manuel auf einem Gestüt. Jede Menge edle Pferde, nur haben viele die charakteristischen Narben am Hals und eine Blutspur im Fell. Ein Fall für die «Officina Nacional Diversidad Biologica», also für Manuel, den Vampirjäger.

Es dämmert. Auf einer Lichtung spannt er eine Art Volleyballnetz auf, so fein, dass selbst Fledermäuse es nicht zu orten vermögen. «Das hier ist ihre Einflugschneise», grummelt Manuel und prüft mit Kennermiene Windstärke und -richtung. Seine Hand zerklatscht geräuschvoll eine leichtsinnige Mücke auf seinem Nacken. Blutsauger – egal welcher Größe – sind bei ihm offenbar an der falschen Adresse. «Die Vampire landen im Gras, krabbeln auf den gefalteten Flügeln zur Beute und dann – zack.»

Desmodus krallt sich im Fell des Opfers fest, sucht mit Hilfe spezieller Wärmesensoren eine ergiebige Ader. Dann kommt Spucke drauf, die wie eine Lokalanästhesie wirkt, anschließend rasiert er mit seinen messerscharfen Schneidezähnen störendes Fell ab und ritzt schließlich eine bis zu zehn Millimeter breite und fünf Millimeter tiefe Wunde. Heraussickerndes Blut schleckt der Vampir mit der Zunge. Die unfreiwilligen Spender kriegen von dem Ganzen nichts mit, allenfalls der Uringeruch könnte ihnen in die Nüstern steigen, denn kaum gelandet, muss der Vampir schon wieder Pipi.

Eine komplette Mahlzeit mit Rasur, Betäubung, Satttrinken und Fertigpinkeln kann bis zu zwei Stunden dauern, dann geht's flugs zurück in die Höhle. Doch die Wunde des Opfers blutet weiter, bis zu acht Stunden lang. Der Stoff, der das Gerinnen so wirkungsvoll hemmt, ist ein Glykofibrin, findet sich ebenfalls

Höhlen-
bewohner
trifft Vampir

in der Vampirspucke und wird Draculin genannt, was immerhin beweist, dass nicht alle Chemiker humorlos sind. Außerdem
lassen sich aus Draculin segensreiche Medikamente herstellen,
die zum Beispiel Schlaganfallpatienten das Leben retten können.

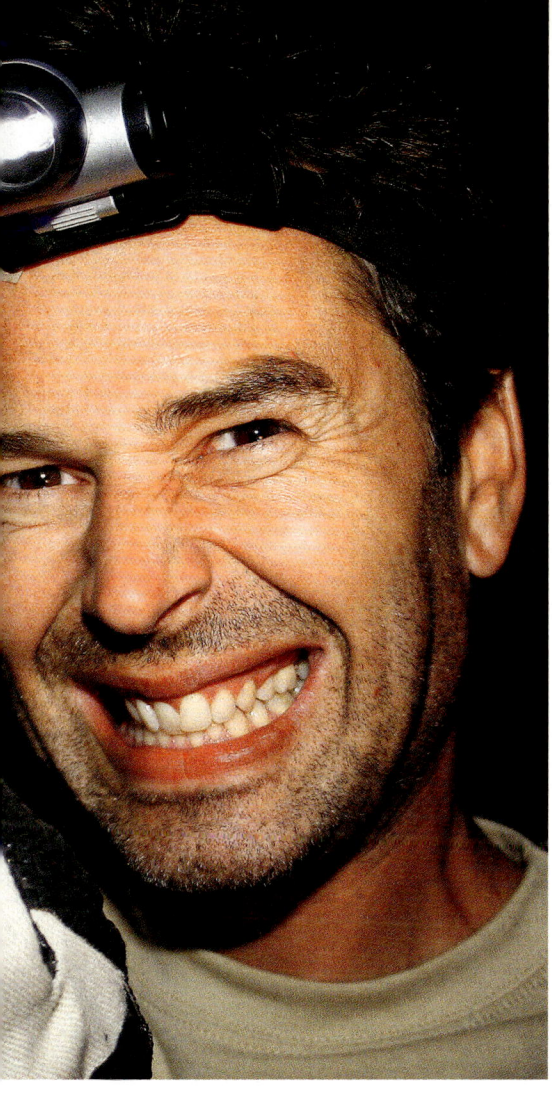

Für Dracula, der stets das Böse will und jetzt etwas Gutes tut, sicher eine Erniedrigung der besonderen Art.

Nach fünf Stunden langen Wartens haben Manuel und ich endlich Glück: Ein Vampir hängt zappelnd im Netz, faucht mich böse an. Ich muss ihn halten, während Manuel ein weißliches Gel auf sein Fell schmiert. Kein Weihwasser, keine Holzpflöcke, sondern ein langsam wirkendes Gift. Mir tut der Kleine plötzlich leid. Doch Manuel kennt keine Gnade. «Tollwut ist schlimmer», wischt er meine Einwände beiseite und noch mehr Gift-Gel aufs Fell.

Dabei ist *Desmodus rotundus* eigentlich ein netter Vampir, er hat ein sehr hoch entwickeltes Sozialverhalten. Die Tiere hängen in Gruppen von 20 bis 100 Individuen an der heimischen Höhlendecke, dicht aneinandergekuschelt. Sie schlecken sich gegenseitig das Fell sauber – und genau das nutzt Manuel perfide aus. Denn dabei gelangt das Gift vom Fell des einen Tieres ins Maul aller anderen.

Blut ist ökotrophologisch betrachtet kein besonders tolles Lebensmittel. Es hat wie gesagt kaum Kohlenhydrate, daher können Vampire fast keine Fettreserven bilden (hoffentlich bringt das die Diät-Industrie nicht auf dumme Gedanken). Kriegen sie zwei Tage hintereinander nichts zu fressen, fallen sie tot von der Decke. Verhungert. Aus diesem Grund müssen sie jede Nacht auf Beutezug gehen, allerdings endet der nicht immer erfolgreich. Zwischen sieben und 30 Prozent der Tiere finden nächtens keinen passenden Hals. Daheim müssen die Hungerleider dann vor der Nachbarschaft peinliche Bettelrituale aufführen. Wer das gut macht und sich in den Wochen zuvor bei den anderen durch Fellschlecken oder, als das Jagdglück noch anders verteilt war, mit Nahrungsspenden hinreichend eingeschleimt hat, kriegt etwas ab. Wer immer nur den Egoisten raushängen ließ, kriegt jetzt die Quittung und geht leer aus. Dank dieses reziproken Altruismus kann Desmodus die jährliche Todesrate innerhalb der Sippe von ungefähr 80 auf unter 25 Prozent drücken. Trotzdem seltsam: Vampire als Blutspender! Wenn das Dracula wüsste!

In der umfangreichen Vampir-Literatur von Goethe und Tolstoi über Poe bis Stoker rühren die Autoren gerne noch ein bisschen Sex in ihre Gruselmärchen. Kaum eine Horrorstory ohne Jungfrau, die der morbiden Erotik des Vampirs erliegt. Priapismus statt Leichenstarre: Dracula erscheint als omnipotenter Lüstling, dessen Testosteronausdünstungen man wahrscheinlich riechen könnte, gäbe es da nicht das bereits erwähnte Urinproblem.

Diese für einen Vielfachhundertjährigen beeindruckende Virilität macht normale Männer, spätestens in ihrem letzten Lebensdrittel mit nicht ganz unberechtigten sexuellen Versagensängsten konfrontiert, natürlich neidisch. Allerdings sollten wir uns nicht allzu sehr grämen, denn die emsigen Wissenschaftler der Syra-

cuse University in den USA haben die Dinge ins richtige
Verhältnis gesetzt.* Bewiesen ist nunmehr, was Frauen Quelle: dpa, Dezember 2005
schon immer zu wissen behaupteten: Männchen sind un-
ten *oder* oben gut bestückt, Dracula mag also viel zwischen den
Beinen gehabt haben, dafür aber nur wenig zwischen den Ohren.
So jedenfalls das Ergebnis einer Testreihe mit 334 Fledertierarten.

Zwar haben Batmänner, die den Weibchen ihre geradezu gro-
tesk großen Genitalien präsentieren (bis zu 8,5 Prozent des Körpergewichtes – ein 90-Kilo-Mann wie Christopher Lee hätte bei
dieser Quote 15 Pfund in der Hose!), tatsächlich mehr Nachwuchs,
doch dafür schrumpft der Verstand. Begründung: Sowohl Hoden
als auch Hirn bestehen aus «teurem» Gewebe, verbrauchen also
besonders viel Energie (*Homo sapiens* verwendet bis zu einem
Viertel seiner Gesamtenergie für die Versorgung des Gehirns
– wer hätte das gedacht?). Für beides reicht es in der Natur also
offenbar nicht.

Wie so oft bei Legenden steckt übrigens auch in den Dracula-
Sagen ein Tröpfchen Wahrheit. All die blutsaugenden Fabelwesen
der Alten Welt entspringen zwar nur der menschlichen Phantasie,
denn in Europa hat es nie Vampirfledermäuse gegeben. Rotundus
und Co. leben alle in Amerika. Camazotz jedoch, ein Neuwelt-
Monster aus der Maya-Mythologie, könnte einen wahren Vampir
zum Vorbild gehabt haben: *Desmodus draculae,* den großen Vetter von *Desmodus rotundus.*

Dieser reale Riese mit einem Dreiviertelmeter Spannweite
soll, so vermutet man auf Grund von Knochenfunden, erst vor
relativ kurzer Zeit ausgestorben sein, und in Venezuela kursieren
sogar Gerüchte, die Art habe in abgelegenen Regionen bis heute
überlebt. Manuel, der Vampirjäger, hält das nicht für völlig aus-
geschlossen. Gesehen hat er aber noch keinen. Dabei dürfte es ja
eigentlich nicht so schwierig sein, den Riesen-Sauger zu finden:
Immer nur der Nase nach.

Rasieren
macht blind
Kampfschwimmer, Schwätzer,
Navigationswunder:
Robben

D er Bart als Geschlechtszeichen mitten im Gesicht ist obszön. Daher gefällt er den Weibern.» Schopenhauer* hat das gesagt, nicht ich. Ich trage ja auch keinen, bin höchstens einmal unrasiert. Doch dass der Bart dem Manne generell mehr ist als seine Brust- oder Beinbehaarung, darf angenommen werden. Er trägt ihn, sofern vorhanden, mit Stolz und Absicht. Denn «ohne Schnurrbart ist ein Mann nicht richtig angezogen», wusste schon Salvador Dalí.

Arthur Schopenhauer, 1788 bis 1860, deutscher Philosoph

Evolutionsbiologisch weist der Bart zurück in haarige Zeiten, als wir noch gebückt-bepelzte Jäger und Sammler waren. Warum dann irgendwann die Frauen ihr Gesichtsfell verloren, während es bei den Männern weiter wuchs, ist schwer zu sagen. Wie meistens in der Natur ging es wahrscheinlich um die Liebe. Sexuellen Dimorphismus* nennen Fachleute äußerliche Unterschiede zwischen den Geschlechtern, wie sie etwa bei Menschen, See-Elefanten oder Wildschweinen zu beobachten sind. In diesen Fällen ist der Kerl meist größer und hat irgendwelche angeberischen Accessoires – gewaltige Hauer, einen absurden Rüssel oder eben ein Gesichtsfell. «Er» will «Sie» damit beeindru-

Zweigestaltigkeit

cken, um die eigenen Paarungschancen zu verbessern. Klügere Arten wie das Südafrikanische Ockerfußbuschhörnchen verzichten auf solchen Schnickschnack. Herr und Frau Hörnchen sehen völlig identisch aus. Ihrem Fortpflanzungstrieb hat das übrigens nicht im Geringsten geschadet.

Bei *Homo sapiens* nahm die einsetzende Zivilisierung dem Lefzenkraut offenbar seinen sexuellen Reiz. Mit geschärften Steinen oder Muscheln kratzten sich deshalb schon vor 25 000 Jahren Fred

Kleiner Bart, großes Maul: Macht Hitler Urlaub in Kapstadt?

Feuerstein und Barney Geröllheimer den Pelz aus der Visage. Die Teilrasur mit modisch drapiertem Restgesichtshaar war fortan allenfalls noch von symbolischer Bedeutung, allerdings von nicht geringer. Im alten Ägypten durften nur Könige einen langen Kinnbart tragen. Subalternen spross ersatzweise ein Oberlippenbärtchen, das heute, 4 000 Jahre später, im Ruhrpott als «Pornobalken» immer noch beliebt ist.

Auch Hitler, Stalin und Saddam Hussein waren Freunde des strengen «Oliba» und kultivierten ihn zum Diktatoren-Bärtchen, was Bertolt Brecht zu der schönen Zeile inspirierte: «Adolf Hitler, dem sein Bart, ist von ganz besonderer Art. Kinder, da ist etwas faul, ein so kleiner Bart, und so ein großes Maul.» Das Zusammentreffen von Schnauzer und menschenverachtender Weltanschauung scheint allerdings eher zufällig zu sein, denn Gandhi, Dalí oder Magnum sind sympathische Gegenbeispiele. Bei denen findet man, trotz Oliba, kein Haar in der Suppe.

Katzen, Hunde, Mäuse, Ratten, Seekühe oder Robben tragen ebenfalls Schnäuzer – und zwar Männchen wie Weibchen. Bei denen hat sich deshalb nie jemand zum Despoten aufgeschwungen. Und anders als bei uns gilt auch der Damenbart in Robben-Kreisen als durchaus chic. Bei diesen Tierarten sind die Haare nämlich kein kosmetisches Problem, sondern eine funktionale Hilfe im täglichen Überlebenskampf. Und was für eine!

Fühlhaare im Bart sind meist länger und stabiler als das eigentliche Fell. Sie dienen den herumschnüffelnden Tieren als zusätzlicher Tastsinn, der oft so ausgeprägt ist, dass sie damit auch im Dunkeln herumstromern können, ohne sich den Zeh am Glastisch zu stoßen oder auf herumliegendes Kinderspielzeug zu treten. Glastische sind für Robben zwar ein untergeordnetes Problem, sie haben es eher mit schlechter Sicht unter Wasser zu tun. Für einen Fischjäger ist es aber existenziell, auch im Trüben zu wissen, wo sich das Mittagessen versteckt.

Siehe Kapitel «Er will doch nur spielen». Haie etwa haben zu diesem Zweck Seitenlinienorgane*, die ihnen melden, wenn Lachs, Hering oder Thun-

mal hundert Reptilienarten sind bisher bekannt

fisch im Vorbeischwimmen Wasserverwirbelungen erzeugen. Robben sind aber Säugetiere, haben deshalb keine Laterallinien. Die Evolution hat ihnen dafür etwas anderes spendiert: die Vibrissen*. Das sind nichts anderes als spezielle Barthaare, von denen jedes einzelne aus einer eigenen Bindegewebekapsel wächst, die üppig mit etwa 1600 Nervenfasern* (zehn Mal so viele wie z. B. an den Schnurrhaaren einer Ratte!) und reichlich Blutgefäßen ausgestattet ist. So weit, so gut, die Sache scheint simpel: Fisch schwimmt vorbei, Robbenbarthaare biegen sich durch die Verwirbelung, Nerven machen Meldung, Hirn gibt Jagdbefehl. Unglaublich wird die Sache erst, wenn man erforscht, wie empfindlich diese Vibrissen sind, denn das sprengt jeden Vorstellungsrahmen.

Siehe Kapitel «Bodo hat unreine Haut»

Gezählt an einer Ringelrobbe

Ungefähr 500 Meter von meiner Haustür entfernt liegt das Seehundbecken des Kölner Zoos. Nicht gerade ein Ort für exotische Entdeckungen, könnte man meinen. Doch wer Glück hat und im richtigen Moment vorbeischaut, kann dort Erstaunliches beobachten. Eine Robbe hockt am Beckenrand und trägt Kopfhörer und Strumpfmaske. Guido Dehnhardt, Professor von der Uni Bochum, steht auch am Beckenrand, allerdings nicht kopfhörerbestückt und strumpfbemaskt, sondern mit einer Fernbedienung in der Hand. Damit lenkt er ein kleines, gelbes Torpedo-U-Boot kreuz und quer durchs Wasser, keinem Plan folgend, gerade so, wie es ihm in den Sinn kommt. Ein gewisser Spieltrieb ist ja bei Forschern immer wünschenswert – aber ferngelenkte U-Boote? Doch kaum lässt Guido die Robbe los, düst sie ebenfalls kreuz und quer durchs Becken. Und zwar exakt – und ich meine: exakt! – auf der Bahn, die zuvor der Torpedo genommen hat.

Dieses Blinde-Kuh-Spiel, das offenbar überhaupt keines ist, funktioniert auch noch, wenn die Robbe erst eine knappe Minute nach der Fahrt des U-Bootes losgeschickt wird. Die Umwälzanlage des Beckens, der Wind, die Wellen – ich hätte gedacht, jede Wasserspur sei längst verwischt. Doch nix da! «Bewegungen im

Robben halten
Vermummungs-
verbot für
sinnlos.

Diese Distanz ist
nachgewiesen; Guidos
Team geht aber von
deutlich höheren
Reichweiten aus.

Wasser manifestieren sich als relativ stabile hydrodyna-
mische Spuren», erläutert Guido. Im stürmischen Meer
können die Flossenfüßer mit ihrem Bart noch aus 40 Metern Entfernung Fischbewegungen spüren*. Die dabei be-
wegten Wassermoleküle bleiben nämlich noch ziemlich
lange verschoben. Im Labor lässt sich die Strömungsspur
eines vorbeibummelnden Barsches noch locker nach fünf
Minuten nachweisen. Und das mit Messmethoden, die
relativ rustikal sind, jedenfalls im Vergleich zu den Vibrissen einer Robbe.

Die Schnäuzer sind extrem feine Strömungsdetektoren:
Sie können noch Bewegungen von weniger als einem Mil-
lionstel (!) Millimeter pro Sekunde wahrnehmen – das ist in etwa
die Reisegeschwindigkeit einer Schnecke! «Im Grunde sind sie
fast wie Hände, die Tiere können damit Größe, Form und Tex-
tur eines Objektes ertasten», erklärt Guido. Außerdem dienen sie

noch als Tachometer und Kommunikationsinstrument. Das brauchen die Tiere auch, denn einige Arten können 50 Stundenkilometer schnell schwimmen. Der Südliche See-Elefant taucht anderthalb Kilometer tief, die Weddellrobbe kann über eine Stunde unter Wasser bleiben – ohne ein vernünftiges Navi geht da natürlich gar nichts mehr.

Sogar bei Rangordnungskonflikten könnten die Tasthaare eine Rolle spielen, vermuten einige Forscher. Gespreizt signalisieren sie einem Herausforderer: Zieh Leine, sonst knallt's! Der mit dem größeren Bart gewinnt gewöhnlich so ein Droh-Duell.

Würde diese Methode auch bei uns funktionieren, Jürgen Burkhardt könnte nach der Weltherrschaft greifen. Zumindest, wenn die Infos auf seiner Website alle korrekt sind: Er zählt dort unter anderem auf, er sei «Superbart-Weltmeister aller 15 Klassen, zweifacher Weltmeister, Vize-Weltmeister, Europameister, Olympiasieger, Europapokalsieger und zweifacher Internationaler Deutscher Meister», jeweils in der Kategorie «Kaiserlicher Backenbart». Des Weiteren hat er mit 19 anderen Mitgliedern des «Höfener Bart- und Schnorresclub» sowie des «Pforzheimer Schnäuz Club der Bartfreunde» Großes geleistet. Am 28. November 2004 bildeten die Männer eine Bartkette von 24 Metern Länge.* Weltrekord! Glückwunsch!

Jürgen Burkhardt und die Robben haben einen gemeinsamen Feind: den Amerikaner King Camp Gillette. 1895, bei der morgendlichen Rasur, hatte Gillette die Idee mit den Rasierklingen. 1903 begann die Produktion, ein gutes Jahrzehnt später war der Mann unglaublich reich und konnte es sich leisten, Ideen des utopischen Sozialismus zu pflegen. Als er 1932 starb,

Gemessen wird die Spannweite der nach links und rechts gezogenen Bärte, die Bartenden werden dabei von Helfern aneinander gehalten, sodass eine «Bartkette» entsteht.

Jürgen Burkhardt, Robbe ehrenhalber.

waren fast alle Barbiere der Welt arbeitslos, und das Tragen großer Bärte blieb fast nur noch den Robben überlassen.

Auf ihre Gesichtsbehaarung können Letztere allerdings bis heute keinesfalls verzichten. Zwar haben die *Pinnipedia** ziemlich gute Augen. Die sind natürlich auch an den speziellen Brechungswinkel des Lichts im Wasser angepasst, was ihnen beim Tauchen zwar gute Sicht, an Land aber stierende Kurzsichtigkeit beschert. Doch Meerwasser ist oft nicht besonders klar, und viele Robben jagen nachts. Und wenn man, wie die See-Elefanten, bis zu 1500 Meter tief in die Dunkelheit hinabtaucht, hat sich das mit dem Gucken sowieso erledigt. Bleibt nur noch der Bart.

«Pinni» steht für Flosse und «pedia» für Füße.

Schon häufiger haben Wissenschaftler in der Wildnis Exemplare gefangen, die in Top-Form herumrobbten, prall gefüllte Bäuche und manchmal sogar Junge hatten – und die völlig blind waren. Ohne Augenlicht kommen die Tiere also prima klar. Bearbeitet man sie jedoch mit einer von King Camps Klingen, sind sie orientierungs- und hilflos. Rasieren macht blind!

Guido Dehnhardt von der Uni Bochum, übrigens kein Bartträger, hat früher mit Delfinen gearbeitet und monatelang vergeblich versucht, ihnen die Unterschiede zwischen Kreis und Quadrat einzubläuen. Ein hoffnungsloses Unterfangen. Irgendwann probierte er es dann mit der Kalifornischen Seelöwin Fee. «Nach zehn Minuten hatte die kapiert, worum es geht. Seither arbeite ich mit Robben.» Das ist doch mal ein klares Statement! Ist Robbi also schlauer als Flipper?*

Siehe Kapitel «Schlaflos in Hongkong».

Natürlich würde kein Wissenschaftler, der sich selbst für schlau hält, jemals auf diese Frage antworten. Intelligenzmessungen sind schon bei Menschen fragwürdig. Bei Tieren sind sie eigentlich total hirnlos, da nicht mal die Frage, was aus Sicht einer Robbe denn überhaupt intelligent ist, eindeutig geklärt werden kann. Was ist schlauer für einen Seehund: die dritte Wurzel aus 729 ziehen oder Fischen den Weg abschneiden zu können? Müßig, darüber nachzudenken. Dennoch ist es überaus faszinierend zu fragen, wie «schlau» im menschlichen Sinne Tiere sein können.

Robben haben beeindruckende kognitive Fähigkeiten. Die Annahme, nur Affen und Delfine seien die Denker der Wildnis, ist ziemlich ungerecht. Bei Versuchen zeigten die Meeres-Einsteins, dass sie Mengen erfassen, die Grammatik einer simplen Zeichensprache nachvollziehen und geometrische Figuren voneinander unterscheiden können, was laut Guido selbst «vielen Menschen ganz schön schwerfällt». In diesen Bereichen zeigen die Robben Fähigkeiten, die mit denen eines dreijährigen Kindes vergleichbar sind. Daran sollten übrigens die Jäger mal denken, wenn sie in der nächsten Saison wieder mit Keulen auf Robbenschädel einschlagen.

Die cleveren Kerlchen mit dem fischigen Körpergeruch sind auch noch richtige Orientierungswunder, die den unterschiedlichen Salzgehalt verschiedener Meeresgebiete schmecken und besser navigieren können als Kolumbus. Der dachte ja bei seiner Ankunft in Amerika, er sei in Indien. Einer Robbe wäre das nie passiert. Guido und seine Kollegen vermuten, dass «die Tiere die Fähigkeit zur Astronavigation haben, sich also möglicherweise anhand der Sterne orientieren können». Ob sich diese Vermutung bestätigt, wollen die Wissenschaftler mit neuen Versuchsreihen herausfinden.

Insgesamt gibt es heute noch 33 Robbenarten, die Fähigkeiten und körperlichen Merkmale der einzelnen Flossenfüßer sind ziemlich unterschiedlich. Die Ringelrobbe etwa ist das Küken der Sippe, sie wird gerade mal einen guten Meter lang und 50 Kilogramm schwer. Neben einem ausgewachsenen Südlichen See-Elefanten mit fünf Metern Länge und dreieinhalb Tonnen Gewicht wirkt sie wie ein Rehpinscher neben einem Bernhardiner.

Zu den Robben gehören drei Familien, die Ohrenrobben, die Hundsrobben und die Walrosse. Die Walrosse bestehen nur aus der einen Art mit den manchmal einen Meter (sic!) langen Stoßzähnen. Die sind so praktisch wie ein Schweizer Messer, dienen als Waffe, um sich auf eine Eisscholle zu wuchten, als Kopfstütze, Statussymbol oder zum Freischlagen eines Eisloches.

Nur die Hundsrobben müssen übrigens an Land «robben», weil sie nämlich ihre Flossen nicht unter den Körper stellen, sondern nur an der Seite bewegen können. Das macht sie zu ziemlich plumpen Klöpsen.

Ganz anders die Ohrenrobben, die nicht nur (ihr Name sagt es schon!) sichtbare Ohrmuscheln, sondern auch die Fähigkeit zu ausgedehnten Wanderungen haben. Eine dusselige Robbe in der Antarktis wurde mal sage und schreibe 113 Kilometer vom Ozean entfernt angetroffen. Wie gesagt: An Land sind die Tiere kurzsichtig! Und die Barthaare helfen an der Oberfläche dann auch nicht weiter.

Was alle Robben für sich in Anspruch nehmen können, sind hervorragende Schwimmeigenschaften. Der spindelförmige Körper macht sie sehr hydrodynamisch. Einige Arten können 50 Stundenkilometer schnell schwimmen, andere, wie die Weddellrobbe, anderthalb Stunden abtauchen und dabei den Herzschlag von 150 auf 10 Schläge pro Minute reduzieren. Das spart Sauerstoff und verlängert die Tauchzeit. Die Tiere atmen vor solchen Tief-Touren übrigens nicht ein, sondern aus, damit sie keine Probleme mit dem Druckausgleich bekommen.

Viele Arten haben ein sehr dichtes Fell, da kommen, wie beim Seehund, schon mal 40 000 Haare pro Quadratzentimeter zusammen. Trotzdem sind sie keine flauschigen Kuscheltiere: Abgesehen von dem elenden Gestank, den sie verbreiten, sind alle Arten Fleischfresser. Doch keiner ist so verschrien wie der Seeleopard in der Antarktis. Dieser gewaltige 450-Kilo-Räuber mit dem furchteinflößenden Gebiss steht in dem Ruf, alles zu fressen, was sich bewegt. In einem Fall hat ein einziges Tier sechs Adélie-Pinguine in einer guten Stunde verdrückt, in einem anderen ist auch mal eine britische Forscherin unter Wasser getötet worden. Es ist aber der einzige bekannte Vorfall dieser Art.

Absichtlich Menschen angreifen sollen ja angeblich die Robben,

Viele Tenöre
haben Über-
gewicht

die im Dienst der US-Navy stehen. Vehement widerspricht die
Navy allerdings diesen Gerüchten und auch den Berichten, wo-
nach die Meeressäuger dazu abgerichtet würden, Minen an feindlichen Schiffen zu befestigen. «Sie können weder den Unterschied

Prozent der Froschhaut ebenfalls

zwischen eigenen und fremden Schiffen noch den zwischen eigenen und feindlichen Tauchern und Schwimmern erkennen [...]. Daher ist es nicht ratsam, eine solche Entscheidung einem Tier zu überlassen», heißt es dazu bei der Navy umständlich. Na, hoffentlich halten die sich auch daran.

Fest steht jedenfalls, dass neben Delfinen tatsächlich auch Pinnipedia in der Navy dienen, weil sie sehr leistungsfähig und außerdem landgängig sind, was die Einsatzmöglichkeiten im Vergleich zu den wasserabhängigen Delfinen deutlich erhöht. Ein cleverer Taucher, der ohne Pressluftflasche eine Stunde* unter Wasser bleiben kann, um Minen zu finden, feindliche Taucher zu orten oder verloren gegangene Atombomben wieder aufzuspüren, ist der Traum jedes Admirals. Vor allem, wenn als Sold ein paar Fische genügen. Die Effizienz ist nach Angaben der Navy* wirklich beeindruckend: «Ein Seelöwe, zwei Betreuer und ein Schlauchboot können bei Suchaktionen auf dem Meeresgrund ein voll ausgestattetes Marineschiff mit der kompletten Besatzung, einer zusätzlichen Crew menschlicher Taucher sowie den notwendigen Helfern und Geräten vollständig ersetzen.»

Im Rahmen des Projektes «MK 6 MMS» wurden die Meeressäuger schon 1971 im Vietnamkrieg eingesetzt. Sie beschützen seither als lebende Patrouillen-U-Boote Häfen, Schiffe und andere militärische Einrichtungen. Wo und wann genau die Robben heute für die USA kämpfen, verraten die Geheimniskrämer natürlich nicht. Doch man darf zumindest vermuten, dass Seelöwen im Irak und anderswo täglich damit beschäftigt sind, amerikanische Kriegsschiffe zu sichern, indem sie feindliche Taucher aufspüren und Minen suchen.

Ein perfekter Soldat muss nicht unbedingt ein Intellektueller sein, doch rudimentäre Kenntnisse der menschlichen Sprache sind für den reibungslosen Durchsatz der Befehlskette sicherlich förderlich. Wenn Robben also sprechen könnten, wären sie noch beliebter bei der Navy – vielleicht könnten sie dann sogar in einen

Je nach Art können Robben zwischen zehn Minuten und weit über eine Stunde lang unter Wasser bleiben.

Offizielle Verlautbarung des «U.S. Navy Marine Mammal Program»

Offiziersrang aufsteigen? Ein Seelöwe im Pentagon? Hätten Sie Hoover gekannt, würden Sie diese Idee nicht so abwegig finden.

In dem Jahr, in dem die ersten Navy-Delfine in Vietnam herumschwammen, fand das Ehepaar George und Alice Swallow an der Küste von Maine eine hilflose Seehund-Waise. George und Alice beschlossen, den Kleinen zu retten, und tauften ihn, weil er schon bald den Appetit eines Industriestaubsaugers entwickelte, auf den Namen «Hoover». Dank seiner eindrucksvollen Fressgewohnheiten entwuchs Hoover schnell der Badewanne und wurde in einen Teich hinterm Haus umquartiert. Doch als Hoover gerade vier Monate alt war, entwickelte sich sein Fischbedarf zu einem echten Problem. Die Erkenntnis, wie viel Geld die Ernährung einer Robbe schluckt, stieß den Swallows übel auf. Kein Wunder, schließlich können Seehunde über vierzig Jahre alt werden und dabei jeden Tag zehn Kilogramm Fisch fressen!

George und Alice haben wohl mal nachgerechnet, denn kurze Zeit später lieferten sie Hoover im «New England Aquarium» in Boston ab. George murmelte noch etwas davon, dass Hoover sprechen könne, bevor er ging. Aber selbstverständlich hat ihm niemand geglaubt.

Doch im Laufe der Jahre wurde Hoovers Aussprache immer deutlicher. Selbst kritischste Kritiker konnten irgendwann nicht mehr abstreiten: Dieser Seehund kann sprechen!* Hoovers wachsende Popularität bescherte dem Aquarium Besucherrekorde, und er wurde zur berühmtesten Robbe der Welt, ein Medienstar und Zuschauermagnet. Wissenschaftler begannen, das Phänomen zu untersuchen. Zwar ist von Papageien und anderen Tierarten bekannt, dass sie gerne Laute nachahmen. Doch Hoover hatte sich das Sprechen ganz alleine beigebracht. Als erste und einzige Robbe der Welt brauchte er keinen Doktor Doolittle, um sich verständlich zu machen!

Dabei sind seine Sprechwerkzeuge, die Beschaffenheit von Stimmbändern und Kehlkopf, nicht gerade optimal, um zu parlieren. Robben neigen eher zu keuchhustenartigen Lautäuße-

Hören Sie selbst mal rein: Unter www.neaq.org/scilearn/kids/hooveronly.html finden Sie eine Hörprobe.

Was will uns die
Künstlerrobbe
mit diesem Bild
sagen?

rungen, weniger zu harmonischen Tonfolgen. Näselnde Reden im ulkigen Englisch der britischen Queen gab Hoover dann auch nicht zum Besten, eher Fragmente aus Tom-Waits-Songs. Hoover brüllte Sachen wie: «Hallo da drüben!», «Wie geht es dir?», «Verschwinde hier!», «Geh runter!» und eine ganze Menge Variationen dieser Ausrufe. Ein Rätsel war den Forschern lange sein schwerer Bostoner Dialekt. Bis man irgendwann mal die Swallows traf. Die sprachen genauso.

Hoover starb 1985. Seine letzten Worte sind nicht überliefert. Ich vermute: «Mehr Fisch!»

Chakota, einer von Hoovers Enkeln, ist ein stattliches Männchen und Proband in der aktuellen Sprachforschung des Aquariums. Aber ganz ehrlich: Als ich mit ihm am Becken saß, habe ich nie mehr als ein gekeucht-gequältes «Du» gehört. Doch dem Niedergang der Sprache steht im Aquarium ein Aufstieg der bildenden Kunst gegenüber. Chakota, Reggea und einige andere Seehunde brillieren inzwischen als Maler. Mit dem Pinsel im Mund werfen sie bunte Abstraktionen in Wasserfarben aufs Papier. Die Bilder verkaufen sich im Museumsshop ganz ausgezeichnet. Auf einem ist ein roter Kreis zu erkennen mit viel Gelb drum herum. Sieht aus wie ein sonnenverbrannter Norweger mit Rauschebart, denke ich. Vielleicht hat Chakota mal ein Foto von Hans N. Langseth gesehen. Der hatte bei seinem Tod im Jahre 1927 einen Bart im Gesicht, der stolze 5,33 Meter maß. Als Robbe wäre Hans damit der King gewesen.

Da guckst du!

Bodo hat unreine Haut
Erinnerung an einen zu kurz Gekommenen:
der Mondfisch

n dem kleinen norddeutschen Dorf, in dem ich meine Kindheit verbringen musste, bleiben die Einheimischen, wort-
karg und stur, am liebsten unter sich. Deshalb ist es auch kein
Wunder, dass die Gene einiger meiner Spielkameraden schon er-
heblich länger in der Gegend wohnen als sie selbst. Sehr viel län-

ger. Und ich meine beide Hälften der Doppelhelix*. So was ist nicht unproblematisch.

Bodo* zum Beispiel hatte erstaunliche Ähnlichkeit mit einem Mondfisch: Wasserkopf, Übergewicht, verständnislos in die Welt blickende Großaugen, schon im Grundschulalter pickelige Haut und einen Bruder im Knast. Daheim bei seiner Familie hat es immer eklig gerochen. Zu Kindergeburtstagen haben wir Bodo deshalb nie eingeladen – er war Opfer des gesellschaftlichen Selektionsdruckes, der im Grunde auch nicht anders funktioniert als Darwins «survival of the fittest».

Der Evolutionstheorie zufolge dürften Typen wie Bodo sich eigentlich nicht fortpflanzen, weil die Weibchen eher auf Brad Pitt stehen. In der Praxis läuft es aber anders, die Bodos dieser Welt finden immer wieder eine Nische. Genau wie der Mondfisch, der auch Sonnenfisch, Schwimmender Kopf oder *Mola mola*, zu Deutsch: Mühlstein, heißt. In Schweden trägt er den Namen Klumpfisk. Ich hätte ihn Bodo genannt.

«Mühlstein» beschreibt den Körperbau allerdings ziemlich treffend: Eine große, schwere Scheibe, die senkrecht im Wasser schwebt und seltsamerweise trotz fehlender Schwimmblase* nicht untergeht. Bei einem Gewicht von bis zu 2 000 Kilogramm und einem Durchmesser von mehr als drei Metern ist das eine echte Überraschung.

Mola mola stammt, wie Bodo, aus einem problematischen sozialen Umfeld. Sein Vetter Fugu killt mit Gallengift jedes Jahr ein paar japanische Gourmets, die es nicht lassen können, von der manchmal vergifteten Speise zu kosten. Der Rest der Sippe ist eine aufgeblasene Gesellschaft, die bei den Nachbarn ziemlich unbeliebt ist – Kugelfische eben. Giftig, stachelig, ungesellig, hässlich, fast ungenießbar.

Würde man Molas zu Fischstäbchen verarbeiten, müsste Käpt'n Iglo stempeln gehen, denn das Fleisch gilt als minderwertig. Die Tiere sterben nur als Beifang in den Fischernetzen (was auch

Die Doppelhelix ist eine geometrische Figur, die einer verdrehten Strickleiter ähnelt. DNA-Stränge mit Erbinformationen sind in dieser Doppelspiralform angeordnet.

Name geändert – könnte ja sein, dass der echte Junge von damals heute schnell beleidigt ist.

Luftgefülltes Organ, das es «normalen» Fischen erlaubt, im Wasser ohne Anstrengung zu schweben.

schon reicht, um den Bestand gefährlich zu dezimieren!). Auch die meisten Raubfische schwimmen einen großen Bogen um den dicken Scheibenfisch, obwohl sie leichte Beute wären: fett und träge dümpeln sie umher, absolut unfähig und unwillig, schwimmerische Höchstleistungen zu erbringen. Nur wirklich verzweifelte Haie beißen zu – und fangen sich dabei leicht etwas ein.

Die Haut der Mondfische ist nämlich voller Mitesser. Fünfzig verschiedene Parasitenarten sind schon auf einem einzigen Exemplar entdeckt worden, was selbst dem härtesten Raubfisch manchmal schlecht bekommt, da einige der Schmarotzer sogar in Haidärmen eine gesunden Appetit entwickeln.

«Die Bedeutung der Körperhygiene bei Tieren wird völlig unterschätzt», meint Tierney Thys dazu. Die blondbezopfte Mondfisch-Forscherin aus Kalifornien macht selbst übrigens einen ausgesprochen gepflegten Eindruck. Mit Hygiene meint sie natürlich nicht den Gebrauch von Zungenbürste oder feuchtem Toilettenpapier, es geht Tieren vielmehr darum, Mitesser loszuwerden, die den Organismus schwächen, mit Krankheiten infizieren, in den Selbstmord* treiben oder direkt umbringen.

So wie der Leberegel die Ameise, siehe Kapitel «Der Pimmelfisch».

Wirtstiere versuchen auf unterschiedlichste Weise, ihre illegalen Untermieter zwangszuräumen. Elefanten beispielsweise nehmen Schlammbäder und pudern sich mit Staub, Krokodile lassen todesmutige kleine Vögel in ihren Zahnzwischenräumen herumpulen, Flusspferde vertrauen auf Madenhacker, Schimpansen auf hilfsbereite Mitaffen, die gerne Läuse fressen.

Mondfische leiden schon rein zahlenmäßig mehr als andere Tierarten unter Parasiten. Das zehrt. Außerdem haben sie keine Flosse, die zum Kratzen taugt. «Der große Körper, der gemächliche Lebenswandel und die dicke Haut begünstigen die Ansiedlung von Parasiten», erläutert Tierney.

Zur Selbstverteidigung dreht der Scheibenfisch über sogenannten Putzerstationen seine Runden. Eine davon liegt direkt vor der Küste von Kapstadt. Ich traue mich nur im warmen Trocken-

Die Angst
vor Hautkrebs
verunsichert
Strandbesucher.

Tauchanzug ins kalte Wasser und frage mich jedes Mal, wie die Fische das eigentlich die ganze Zeit aushalten.

Wie auch immer: Unsere Mühlsteine nehmen dort die Dienste von Putzkolonnen in Anspruch. Die bestehen aus kleinen Fischen, die großen Fischen die Mitesser aus der Haut beißen. Kein schöner Job, zugegeben, aber wenn man sich mal drauf eingelassen hat, ist *Mola mola* wahrscheinlich das Beste, was passieren kann – all you can eat! Wären Fische nicht stumm*, würden die Putzerfische bei Molas Auftauchen wahrscheinlich Fan-Gesänge anstimmen, denn schließlich ist der Dicke mit den Parasiten ein gefundenes Fressen – Erntedankfest unter Wasser.

Nicht alle Fische sind stumm, man nehme nur den Knurrhahn als Beispiel, der seine Schwimmblase vibrieren lässt und so Grunzlaute erzeugt.

Mondfische haben neben hilfreichen Kiemenatmern aber noch weitere Tiere gefunden, die ihnen bei der Hygiene unter die Flossen greifen: An der Wasseroberfläche legen sie sich auf die Seite und locken Seevögel an, indem sie eine Flosse in die Luft strecken und damit winken wie ein Flaggenmaat. Vorbeikommende Möwen können dann bequem auf ihnen landen, ein bisschen ausruhen und nebenbei noch ein paar leckere Parasiten picken. Das ist fast so, als trieben Sie auf einer Leberknödel-Insel übers Meer.

Das Dümpeln an der Oberfläche hat noch einen Vorteil: Mondfische tauchen manchmal bei ihrer Quallenjagd bis zu 1 000 Meter tief. Dort unten ist es nicht nur dunkel, sondern auch kalt. Saukalt. «Sie kommen wahrscheinlich nach oben, um sich in der Sonne aufzuwärmen», vermutet Tierney. Der Mondfisch nimmt also ein Sonnenbad, bevor er wieder Quallen jagt. Obwohl Jagd eigentlich ein wenig zu dynamisch klingt. Quallen haben schließlich kein Hirn*, außerdem sind sie vergleichsweise unbeholfene Schwimmer. Kein anspruchsvolles Wild also, aber gerade richtig für *Mola mola*. Denn gegen alles, was schneller oder schlauer ist als eine Qualle, hätte er keine Chance. Schließlich ist er selbst nicht gerade ein Genie: Das Hirn eines 200-Kilo-Exemplars wiegt ganze vier Gramm! Es gibt kein ein-

Siehe Kapitel «Killer-Gelee»

ziges Wirbeltier, das im Verhältnis zur Körpergröße ein so winziges Denkorgan hat.

Mola-Mamas können 300 Millionen Eier auf einmal laichen. Weltrekord! Klein-Mola ist nach dem Schlüpfen nur zwei Millimeter lang und treibt sich ohne Aufsicht irgendwo draußen im Ozean rum. Er ist Plankton – so bezeichnet man alles Lebendige, das winzig ist und mit der Strömung durch die Meere getrieben wird. Die Leere in seinem Kopf füllt Mola, während um ihn herum 99,9 Prozent seiner Geschwister gefressen werden, mit einem einzigen Gedanken: «Schmeckt nicht gibt's nicht!» Er schlürft mit seinem Saugemund Quallen, als gäbe es nichts Schöneres. Vom Tag seiner Geburt bis zum Erwachsenenalter versechzigmillionenfacht er sein Gewicht. Damit sind Mondfische auch noch Weltmeister im Wachsen. Und der Albtraum der Diätindustrie, denn «100 Gramm Quallen haben nur vier Kalorien», erläutert Tierney. Damit wäre wohl bewiesen, dass kalorienarme Ernährung sinnlos ist! Nur vier Kalorien! Und von wegen: Du darfst! Hätten Sie seit Ihrer Geburt genauso viel zugelegt wie *Mola mola*, wären Sie heute so schwer wie sechs Ozeanriesen von der Größe der Titanic.

Überhaupt, die Superlative: Der Mondfisch ist nicht nur Eierleg-, Parasiten- und Wachstums-Champion, er ist zudem noch der König der Dickfelligen, bringt es auf eine 15 Zentimeter starke Pelle, die selbst Elefanten vergleichsweise dünnhäutig aussehen lässt. Aber was sind das alles für Rekorde!? Als sei man Champion der Melodienfurzer!* Ist es das, wofür sich unzählige Generationen von Mondfischen durch die letzten sechs Millionen Jahre gemendelt* haben?

«Okay», räumt Tierney ein, die nebenbei bemerkt der einzige Mensch auf der Welt ist, der seine wissenschaftliche Karriere der Mondfisch-Forschung widmet und nicht wirklich damit rechnet, dafür irgendwann einen Nobelpreis oder auch nur einen warmen Händedruck zu bekommen, «wenn ich einen Fisch entwickeln müsste,

Auch den gibt es im Tierreich übrigens wirklich, es ist der Hering, der sich durch Windabgänge mit Artgenossen verständigt!

Gregor Johann Mendel, 1822–1884, österreichischer Botaniker, entdeckte Grundlagen der Vererbungslehre.

würde er ganz bestimmt nicht so aussehen.» Dennoch gibt es wohl niemanden sonst, der Mondfische so mag wie sie. Ihr Mann nennt sie manchmal «Mama Mola». Er guckt dabei ganz komisch und lächelt nicht.

Tierney stillt ihre fünf Monate alte Tochter Marina zwischen zwei Tauchgängen im Schlauchboot, mit dem wir vor Kapstadt übers Meer dümpeln und Molas suchen. Der Wellengang ist beachtlich, und ganz im Gegensatz zu Marina bin ich nicht seefest. Die dicke Haut der Molas fehlt mir auch, ich friere im kalten Wasser.

«An diesem Tier ist eigentlich alles falsch», sagt Tierney und dachte es schon während ihres Studiums, als sie an der Wand ihrer Fakultät ein Mondfisch-Bild entdeckte. Es hing dort zur Belustigung der Studenten. Sozusagen als Beleg dafür, dass die Natur auch nicht alles richtig macht. «Sie haben ein Gesicht, das immer erstaunt wirkt, als könnten sie einfach nicht fassen, dass die Evolution sie in einen solch absurden Körper gesperrt hat», findet Tierney. Ja, die Gene – sind manchmal ganz schön fies. Bodo weiß das.

Knochenfische sind die artenreichste Gruppe der Wirbeltiere und haben im Gegensatz zu Knorpelfischen (z. B. Haie) teilweise oder ganz verknöcherte Skelette.

Als größter Knochenfisch* der Welt (noch ein Rekord!) hat *Mola mola* es geschafft, erstaunlich unbekannt zu bleiben. Die meisten Menschen haben nie von ihm gehört, ich fasse deshalb nochmal kurz zusammen, was die Natur hier gebastelt hat: Ein Tier, das phlegmatisch und einsam durch die Meere treibt, dabei ununterbrochen Quallen schlürft, in maßlosem Wachstum bis zu vier Meter groß sowie zwei Tonnen schwer wird, bei Gelegenheit 300 Millionen Eier laicht und angeblich 120 Jahre alt wird. Überzogen ist es von einer Haut, die alle anderen Dickhäuter vor Neid erblassen lässt, die aber leider voller Parasiten steckt. Außerdem: keine Schwimmblase, keine Schuppen, verkümmerte Schwanzflosse. «Es gibt für alles eine Erklärung in der Biologie, irgendwann muss jedes dieser Merkmale den Tieren einen kleinen Vorteil beschert haben», tröstet Mama Mola.

Schwer zu glauben. Denn was könnte nützlich daran sein, voller Schmarotzer zu stecken? Finden selbst hungrige Jäger das so abstoßend, dass sie lieber fasten als zubeißen? Ekel als Defensivwaffe? Vielleicht war es ja auch so: Der Mondfisch hat bei der Evolution einfach nicht richtig aufgepasst, fast so wie Bodo früher in der Schule. Schon in der ersten Klasse ist er sitzengeblieben, ich habe danach nie wieder etwas von ihm gehört und hoffe, das Leben ist gut zu ihm. *Mola mola* jedenfalls trägt sein Schicksal mit Fassung, schwebt langsam durch die Fluten, hebt hin und wieder eine Flosse, wie zum Gruß, winkend aus dem Wasser und, so behaupten einige, leuchtet* im dunklen Meer wie der Mond am Nachthimmel. Wie schön er dann ist! Man könnte mondsüchtig werden!

Einigen Berichten zufolge gibt es Parasiten in der Haut von *Mola mola*, die eine phosphoreszierende Funktion haben. Mondfisch-Forscherin Thys kann dies aber nicht bestätigen.

Keine Angst vor Käpt'n Iglo:
Mondfische schmecken nicht.

Gutes Karma
Bombenjob in der
Savanne:
Minen-Ratten

Bart hat sich den Kopf rasiert. Im tansanischen Städtchen Morogoro führt er eine kleine Schar von Gläubigen in die Mysterien des Zen-Buddhismus ein. Jeden Tag um zwölf treffen sie sich und meditieren.

«Ommmmm!»

Nur ein paar Meter von den summenden Meditanten entfernt lagern tuberkuloseverseuchte Speichelproben in durchsichtigen Röhrchen, gelb und zähflüssig. Riesengroße Ratten wuseln umher, und draußen vor der Tür scheint die afrikanische Sonne kurz vor Beginn der Regenzeit noch freundlich auf grasbewachsene Landminenfelder.

Ommmmm?

Tödliche Krankheiten und Landminen – okay. Aber beim Anblick der Riesennager braucht ein Ratten-Phobiker wie ich dringend geistlichen Beistand. Bart Weetjens kann mir da weiterhelfen. Er ist ein biologisch versierter Ingenieur und Belgier, er liebt Buddha und Beutelratten*. Eine Kombination, der zunächst wenig praktischer Nutzen innezuwohnen scheint. Doch weil die Welt nun mal komplex und der Mensch erfindungsreich ist, wundert man sich im Grunde ja über nichts mehr. Außerdem hat Bart «seine innere Mitte gefunden», wie er sagt. Deshalb ist alles möglich. Auch ein Zen-buddhistischer Mönch aus Belgien, der in Tansania Nagetiere dazu ausbildet, Landminen im Boden und Tuberkuloseviren im Speichel zu finden. Seine buddhistische Gelassenheit macht auch mich viel lockerer, trotz all der Ratten.

Der Mensch hat ja schon viele tolle Sachen entwickelt. Das Rad zum Beispiel, den Buchdruck, Penicillin, Nasenhaarschneider (ich habe einen mit Beleuchtung!), beheizbare Klobrillen oder eben Landminen. Letztere sind zwar Meisterwerke der Ingenieurskunst, haben aber den Nachteil, ständig Menschen umzubringen.* Von Klobrillen ist so was bisher nicht bekannt.

Das eigentliche Problem an den Landminen ist, sie wiederzufinden. Militärische Knallchargen geben sich schließlich alle Mühe, das Zeug zu verstecken, weil ja sonst niemand drauftreten würde. Ausgerechnet Ratten, selbst im Ruf einer Landplage stehend, sollen nun helfen, die verstreuten Todbringer wieder aufzuspüren. Das wirkt auf den

Der Name «Beutelratte» wird manchmal an Stelle von «Hamsterratte» benutzt.

Schätzungen über die Zahl von getöteten oder verstümmelten Landminenopfern pro Jahr reichen von 10 000 bis 100 000.

ersten Blick vielleicht etwas seltsam – okay, auf den zweiten und dritten auch –, aber es funktioniert!

Hinter dem kuriosen Landminenprojekt APOPO steckt die Erkenntnis, dass Ratten einen Geruchssinn haben, der selbst der sensibelsten Hundenase Paroli bieten kann. Die afrikanischen Riesenhamsterratten haben im Vergleich zu Minensuchhunden sogar gleich mehrere Vorteile: Weil sie kleiner sind, ist ihr Riechorgan immer direkt auf dem Boden, also auf Bombenhöhe. Hunde arbeiten nur ungern mit verschiedenen Trainern, Ratten dagegen ist es ziemlich wurst, wer sie an der Leine führt.

Kamikaze-Nager bildet Bart nicht aus, dafür mag er die Tiere viel zu gern. Ich bezweifle außerdem, dass ein buddhistischer Mönch Tiere auf Selbstmordkommandos schicken dürfte, obwohl diese Frage noch der Klärung aus berufenem Munde bedarf. Sollte ich irgendwann mal dem Dalai Lama begegnen, werde ich ihn fragen.*

Die APOPO-Feldstation in Morogoro besteht aus einer gepflegten Baracken-Ansammlung, idyllisch zwischen einigen Minenfeldern mit bunten Markierungsstangen gelegen. Etwa 300 Ratten teilen sich die Gebäude mit ihren Ausbildern. Um die Aufzucht der *Cricetomya-gambianus*-Babys kümmert sich hingebungsvoll Mama Lucy, eine ältere Dame aus der Gegend.

Mir gefällt der Trivialname der großen Kleinsäuger: Riesenhamsterratten. Die Teile sind wirklich gewaltig, sie können inklusive Schwanz fast einen Meter lang werden! Und sie haben auch echt dicke Hamsterbacken, in die sie alles hineinstopfen, was sie für essbar halten. Also die verschiedensten Pflanzen, Insekten, Spinnen, Schnecken und sogar Kot. Keine schöne Vorstellung, die Kacke in der Backe, den Ratten ist das aber schnurz. Gelagert werden die Häppchen dann in unterirdischen Speisekammern.

Riesenratten sind ausgesprochen ungesellige Einzelgänger, die Männchen kämpfen, sperrt man zwei zusammen, bis eines hin

Der Dalai Lama ist lediglich Oberhaupt der tibetischen Buddhisten und damit streng genommen für Zen-Buddhisten wie Bart nicht wirklich zuständig. Er ist aber ein sehr kluger Mann und könnte wahrscheinlich zu der Frage, ob Tiere zur Rettung von Menschenleben geopfert werden sollten, differenziert Stellung beziehen.

Such das
Bömbchen!

ist. Ausgenommen Barts Zen-Ratten, die natürlich gewaltfrei aufwachsen. In einigen Regionen Westafrikas haben die Großnager sich inzwischen in der Kanalisation eingerichtet und gelten als ebensolche Schädlinge wie bei uns die Wanderratten. Was sich in den Backentaschen solcher Kanalratten, die ihr Futter im Fäkalienstrom afrikanischer Städte zusammenklauben, so alles ansammelt und wie es bei denen zu Hause in der Speisekammer aussieht, will ich lieber nicht wissen.

Auf dem Morogoro-Testgelände ist hingegen alles blitzblank sauber, dafür müssen die eigentlich nacht- und dämmerungsaktiven Savannenratten aber auch bei Tageslicht aufs Feld. Da sie von Natur aus nicht an die grelle Sonne gewöhnt sind, krepierten in den APOPO-Anfangszeiten viele an Ohren-Hautkrebs – auf den beweglichen Hörmuscheln wächst kein schützendes Fell. Das Problem ist aber inzwischen gelöst, zur Ausrüstung der Minensucher gehört nun eine Tube mit Sonnencreme, Lichtschutzfaktor 30 oder höher. Mit geölten Ohren und nach Aloa Vera duftend können die Ratten jetzt ungefährdet aufs Minenfeld.

Es gibt Sprengfallen, die empfindlich genug sind, um nach einem Hundetritt hochzugehen*. So was kann den Rodentia nicht passieren, denn sie bringen höchstens 2,5 Kilogramm auf den Auslöser – zu wenig für eine durchschnittliche Mine. Ratten sind darüber hinaus einfacher zu züchten als Hunde, leichter zu transportieren, sie benötigen weniger Futter und sind in Ostafrika heimisch*. Sie sind widerstandsfähig, anspruchslos – und sie lernen schnell. Außerdem, und das ist in den oft bitter armen Kriegsgebieten enorm wichtig, «kostet die Ausbildung einer Ratte nur etwa 2000 Dollar», erläutert Bart. Ein Minenhund verschlingt ungefähr das Zehnfache und dient dafür auch nicht viel länger als die Riesenratten, die es auf ein für Nagetiere geradezu biblisches Alter bringen: bis zu acht Jahre.

Auch Hunde werden aber nur sehr, sehr selten Minenopfer, da das durchschnittliche Auslösegewicht von Landminen bei etwa 20 Kilogramm liegt.

Also direkt in den Krisengebieten von Mosambik und dem Sudan.

Die Ausbildung in Morogoro beginnt für die Nachwuchs-Minensucher bereits im zarten Alter von fünf Wochen. Nach einem guten halben Jahr sind sie einsatzbereit. Das Ausbildungssystem ist simpel: Bart bohrt Löcher in den Boden der Rattenkäfige und platziert in einem davon TNT. Jedes Mal, wenn die Ratte am richtigen Loch kratzt, erhält sie dafür ein Stückchen Banane. Nach ein paar Wochen haben die Ratten das Belohnungssystem kapiert und zeigen jeden Sprengstofffund durch aufgeregtes Scharren an. «Wir imitieren eigentlich nur das natürliche Verhalten», so Bart, denn auch in der Savanne finden die Tiere Nahrungsvorräte per Nase wieder.

Die angehenden Minenratten müssen dann noch lernen, brav an der langen Leine zu gehen. Bart führt sie anschließend mit einem Helfer über minenverseuchte Areale und beobachtet ihr Scharren. Die Ratten laufen dabei an einem Führungsseil, bis zu zehn Meter lang, das Bart und sein Kollege zwischen sich spannen. Hat der Nager eine Bombe entdeckt, wird diese markiert und später von Sprengstoffprofis entfernt. Bei den bisherigen Einsätzen haben die Nacktschwänze tatsächlich alle Knallkörper aufgespürt, eine bombensichere Sache also.*

Ich weiß nicht, ob Bart sich darüber im Klaren ist, was für ein kurioses Bild er abgibt, wenn er mit seiner glänzenden Glatze eine riesige Ratte mit Halsband und Leine im afrikanischen Buschland spazieren führt.

Ich weiß auch nicht, wie tief ein buddhistischer Mönch in Meditation versinken kann. Es muss aber sehr tief sein, denn von einer dieser Tauchtouren ins allerunterste Unterbewusste kam Bart mit einer neuen Idee zurück: Ratten als Assistenzärzte.

Ommmmm?

Tuberkulose wird von Bakterien hervorgerufen, breitet sich vor allem in Afrika immer schneller aus und hat es als Folgeinfektion von HIV-Erkrankungen besonders leicht. Weltweit steckt sich in jeder einzelnen Sekunde ein Mensch mit den Erregern an.* Übertragen wird die Seuche durch Tröpfchen, die man einatmet. Wer jemals die eng belegten Baracken afrikanischer Krankenhäuser von innen gesehen hat, kann sich nur darüber wundern, dass nicht alle Patienten infiziert werden. Eine rechtzeitige Diagnose ist also extrem wichtig, kostet aber viel Geld – und dauert. «Bei uns schafft ein Mitarbeiter vier, fünf Speichelproben pro Tag», erklärt mir eine Schwester im Krankenhaus von Dar-Es-Salaam, die inmitten all des Elends eine irgendwie

Das erste APOPO-Rattenteam hat die Lizenztests des Geneva International Centre for Humanitarian Demining (GICHD) 2004 erfolgreich absolviert. Seither dürfen die Ratten mit ihren Trainern ganz offiziell als Minensucher in Mosambik arbeiten. Zurzeit verfügt APOPO über 25 lizenzierte Ratten.

An Tbc sterben nach Schätzungen der Weltgesundheitsorganisation WHO und anderer Institutionen jährlich zwischen 1,5 und 3 Millionen Menschen. Damit ist sie die tödlichste aller Infektionskrankheiten.

ansteckende Heiterkeit verbreitet und sich über Ratten freut, als spräche sie von Wunderheilern. «Sie werden Leben retten.»

Krankenhausratten arbeiten ganz ähnlich wie ihre Kollegen vom Sprengstoffkommando, nur müssen sie nicht angeleint über Minenfelder tapsen. Sie bleiben in ihren Boxen und erschnüffeln Bakterien statt Bomben. Riecht es nach Tuberkulose, wird gekratzt. Die Zuverlässigkeit der Rattendiagnose liegt zurzeit bei 86,5 Prozent, ist also für einen Schnelltest durchaus akzeptabel. Sobald Barts Tiere die notwendige Lizenz haben, soll ein einziger Ratten-Doktor bis zu 100 Speichelproben am Tag untersuchen, also ein Vielfaches dessen, was eine menschliche Laborratte so schafft – und das zu einem Bruchteil der Kosten. Forscher munkeln bereits, feine Tiernasen könnten demnächst auch bestimmte Krebsarten und eine Reihe anderer Krankheiten erschnuppern.

Dabei fällt mir ein, dass der Hund meiner Schwester mich in letzter Zeit immer so seltsam anguckt. Weiß der was?

Müssen wir alle demnächst zur Vorsorgeuntersuchung in den Zoo? Werden Blauhelm-Ratten mit dem Akronym der Vereinten Nationen auf dem Fell künftig Krisengebiete sichern? Bart kann sich so was tatsächlich vorstellen. Zweifelnde Blicke lassen ihn kalt, schließlich haben am Anfang auch alle gelacht, als er die Idee mit den Minensuch-Ratten hatte. «Man muss nur fest an eine Sache glauben, dann kann man sie auch durchsetzen», sagt er sanft, blickt auf die Uhr und entschuldigt sich. Es ist fünf vor zwölf. Höchste Zeit.

Ommmmm.

Ommmmm.

Aga-Kröten wurden vor gut siebzig Jahren in Australien ausgesetzt

Der Pimmelfisch
Schnell, schleimig, schmerzhaft: Candirú

Wer mag schon Parasiten? Niemand! Doch wir müssen mit ihnen leben: Sie schlängeln sich durch unsere Därme, bohren sich in Muskeln, schwimmen in Blutbahnen und Schleimhäuten, stecken in der Leber, im Ma-

gen oder im Gehirn. Sie fressen unsere Nahrung, unser Fleisch und unser Blut. Einige legen Eier unter die Haut ihrer Wirte, andere zwingen ihnen ihren Willen auf.*

Trotz eigener leidvoller Erfahrungen kann ich den Parasiten im Allgemeinen aber nicht böse sein, schließlich muss jeder sehen, wo er bleibt, und wer nicht frisst, der wird nun mal gefressen. Doch Überlebenskampf hin oder her, es gibt immer eine Grenze. Einige Dinge tut man einfach nicht, auch nicht als Parasit. Es ist höchste Zeit für Candirú, das endlich einzusehen!

Der Schrecken der Flüsse in Amazonien ist nämlich nicht der giftige Stachelrochen, nicht der elektrische Zitteraal*, nicht die gewaltige Anakonda und auch nicht der bissige Piranha. Nein, es ist ein kleiner, durchsichtig-schleimiger Fisch, *Vandellia cirrhosa*, der unter seinem lokalen Namen Candirú Abscheu und Entsetzen bei Waldarbeitern, Indios und Goldgräbern verbreitet. Taucht er auf, verziehen sich selbst härteste Männergesichter zu furchtvollen Fratzen. Abenteurer und Häuptlinge schlagen ängstlich die Beine übereinander und greifen testend in den eigenen Schritt, um sich vom ordnungsgemäßen Zustand ihrer primären Geschlechtsorgane zu überzeugen. Denn Candirú ist die Rache der Amazonen, ein urologischer Unhold. Er ist: der Pimmelfisch!

Ich nenne ihn so, weil alle, die ihn kennen, ihn auch so

Der Pimmelfisch wird erstaunlich groß. Anakondas auch.

Leberegel beispielsweise setzen sich im Hirn von Ameisen fest und «befehlen» diesen, sich in einen Grashalm zu verbeißen, bis sie von einem Schaf gefressen werden. Genau das will der Leberegel, denn in der Leber eines Schafs vollendet er seinen Lebenszyklus und vermehrt sich. Die Eier werden dann vom Schaf ausgeschieden, zunächst von Schnecken gefressen, von denen als Larven wieder ausgeschieden und von Ameisen verputzt. Dann beginnt der Kreislauf von neuem.

Bis zu 500 Volt Spannung und 1 Ampere Strom. Vergleich: an mitteleuropäischen Steckdosen liegen lediglich 220 Volt an. Alexander von Humboldt bezeugte, dass die Aale sogar ausgewachsene Pferde niederstrecken können.

Glück gehabt:
nur ein Piranha!

nennen und weil es so eindeutig ist. Der deutsche Name «Zahnstocherfisch» weist nämlich eindeutig zur falschen Körperöffnung.

Seine Opfer werden dem Pimmelfisch* von den meteorologischen Gegebenheiten seines Lebensraumes zugetrieben. Erlebt man die Tropenhitze nämlich nicht nur faulenzend am Hotelpool, sondern arbeitend im Dschungel, sind Luftfeuchtigkeit und Temperatur die reine Qual. Im Orinoko- und Amazonasgebiet habe ich mich schon gefühlt wie ein Eisbär im Dampfbad. In der schlimmsten Jahreszeit macht das Wetter schwindelig, Hände und Füße schwellen an, die Kleidung klebt feucht am Körper, die schwitzige Haut lockt Millionen Moskitos an, deren Stiche bestialisch jucken. Der Kreislauf rast, die Glieder schmerzen.

Insgesamt umfasst die Unterfamilie Vandelliinae 15 Arten in sechs Gattungen.

Es gibt im Busch nur eine Methode, diesem Martyrium zumindest kurzzeitig zu entfliehen: Hops, rein in den Dschungelfluss! Herrliche Kühlung! Der Druck weicht aus den Blutgefäßen, der Kratzzwang verschwindet, die Beine werden leicht und die Muskeln entspannen sich. Alle Muskeln. Alle.

Wem könnte man es also verdenken, in so einem kontemplativen Augenblick der Erleichterung, den Körper im Wasser und die Seele im Himmel, den Genuss zu vervollkommnen und, weitab von allen zivilisatorischen Zwängen, als Letztem auch dem Schließmuskel einen Moment der Entspannung zuzugestehen? Der Fluss fließt ruhig und in ihm lautlos der Urin. Für den Pimmelfisch ist dies das Signal zum Angriff.

Vom Geruch oder der Wasserverwirbelung angelockt, schnellt der schleimige, gewöhnlich zwei bis zehn (!) Zentimeter lange Fisch aus seinem Versteck im Schlamm herauf und flitscht in die vom Harnfluss geöffnete Röhre. Er kann, so berichtet ein Betroffener, sogar oberhalb der Wasseroberfläche einige Zentimeter gegen den Urinstrahl, also gleichsam «bergauf», schwimmen*, fast so wie Lachse, die auf ihren Wanderungen Stromschnellen und Wasserfälle überwinden.

Trotz dieses Berichtes ist umstritten, ob Candirú tatsächlich zu solchen Schwimmleistungen fähig ist. Falls ja, funktioniert das nur über Zentimeter-Distanzen, keinesfalls jedoch ist ein aufrecht stehender, vom Ufer ins Wasser urinierender Mensch gefährdet.

In der Harnröhre angekommen, verankert sich Candirú mit seinen nach hinten gerichteten Dornen bombenfest. Selbst mit stabilen Werkzeugen lässt er sich dann nicht mehr herausziehen, jedenfalls nicht ohne gewebezerreißende Folgen. Sogar sadomasochistische Stammkunden von Latex-, Lack- und Lederclubs der allerschlimmsten Sorte dürfte bei der Vorstellung, was so eine gewaltsame Notoperation anrichten würde, ziemlich mulmig werden. Denn wie heißt es so treffend: Selbst «den unbesiegten Mann besiegt der Schmerz».*

Ovid, Metamorphosen

Einmal angedockt, beginnt Candiru damit, an Ort und Stelle Blut zu saugen. Aus den Kiemen größerer Fische, wo der auch «Brasilianischer Vampirfisch» genannte Schleimling normalerweise parasitiert, kann er danach leicht wieder entkommen. Aus dem weichen Gewebe harter Männer aber nicht, daher bezeichnet man den Menschen in diesem Fall auch als «Fehlwirt». Dieser feine Euphemismus umschreibt die für beide Seiten in der Tat unangenehmen Folgen: Der Fisch stirbt, beginnt zu verwesen und verursacht verheerende Entzündungen im Wirtskörper – und in der Phantasie von allen mitfühlenden Männern grauenvolle Albträume.

Etwas Tröstliches für alle Kerle, die gerade mit gekreuzten Beinen lesen: Die Xagua-Pflanze und der Buitach-Apfel sind natürliche Mittel, die von Indios bei Candirú-Befall eingesetzt werden. Die kombinierten Wirkstoffe dieser Pflanzen werden als Extrakt eingeträufelt und töten den Fisch. Die Einheimischen glauben, das könnte ihre Männlichkeit retten. Jedenfalls, wenn Schmerz und Schock nicht vorher den Tod des Opfers herbeiführen. Na ja, vielleicht ist das doch nicht so tröstlich. Und wissenschaftlich bewiesen auch nicht.

Fachbegriff für die übertriebene Darstellung von Krankheitserscheinungen

Der Fisch im Manne ist jedenfalls kein Schauermärchen, keine maßlose Exaggeration*. Belegt ist beispielsweise ein Fall aus der Praxis des Urologen Anoar Samad* aus Manaus, der am 28. Oktober 1997 einen 23-jährigen männlichen Patienten aus der Ortschaft Itacoatiara zu

Quelle: Instituto de Urologie, Dr. Anoar Samad

behandeln hatte, welcher an einer Blockade der Urethra*, Fieber, Schmerzen, einer erheblichen Vergrößerung des Scrotums* und des Abdomens* litt. Auf dem Ultraschallbild zeigte sich die Ursache des Leidens: ein Pimmelfisch. Harnröhre Hodensack Unterleib

Da das Tier bereits begonnen hatte zu verwesen, gelang es, den Candirú mittels Endoskopie vollständig zu entfernen, die anfangs erwogene und in solchen Fälle häufig notwendige Totaloperation konnte zur Erleichterung des Patienten verworfen werden. Was genau der Zahnstocherfisch auf seinem Weg durch die Weichteile angerichtet hatte, liest sich in der mitleidlosen Kälte der Medizinersprache ungefähr so:

Nach der Penetration war der Weg des Candirú durch das Sphinkter* blockiert, was den Eindringling zu einer lateralen Drehung veranlasste. Er biss sich einen Weg durch das Corpus Spongiosum*. Bei der der Endoskopie vorausgehenden Perfusion* mit desinfizierender Flüssigkeit zeigten sich weitere Aushöhlungen, die bis in das Scrotum reichten, wo sich die Flüssigkeit sammelte. Obwohl der Fisch zum Zeitpunkt der Penetration nach Angaben des Patienten «sehr klein» war, ergab die Vermessung nach der Extraktion folgende Maße: 134 Millimeter Länge, 11,5 Millimeter Kopfbreite. Schließmuskel Schwellkörper im Penis Spülung

13,4 Zentimeter!

Dreizehn! Komma! Vier! Zentimeter!

Puuuuh!

Der Patient hatte untenrum bereits bedenkliche Ähnlichkeit mit einem von Holzwürmern befallenen Antik-Möbel. Glücklicherweise heilte das Ganze ziemlich gut, der Mann soll inzwischen wieder im Vollbesitz seiner Kräfte sein, während

Der Pimmelfisch

der herausgeholte Zahnstocherfisch nunmehr als viel bestauntes Exponat die Kollektion des ichthyologischen Instituts von Manaus bereichert.

Wir lernen aus dem Vorgang vielerlei. Mann sollte zum Beispiel immer ein bisschen Xagua und Buitach im Haus haben. Wir sollten außerdem niemals ohne Badehose in südamerikanische Flüsse steigen und nicht ins Wasser pinkeln, solange wir noch drin sind. Und da man nie genau weiß, ob Candirú sein Verbreitungsgebiet nicht plötzlich an bisher sichere Orte ausweitet, zum Beispiel in Folge der globalen Erwärmung: Niemals hinsetzen! Niemals! Stehpinkeln kann Leben retten!

Braun, blind, blöd
Ein Tier und seine Fans: der Hitlerkäfer

D ie Reform des ehelichen Namensrechtes gehört zu den großen kulturellen Errungenschaften unserer deutschen Nachkriegsdemokratie. Sie hat ein Zeichen für die Gleichberechtigung der Frauen gesetzt. Einen Bindestrich, um genau zu sein. Zwischen Doppelnamen! Ich möchte an dieser Stelle allen FrauenrechtlerInnen, JuristInnen und PolitikerInnen danken, die dafür gekämpft haben, diesen emanzipatorischen Traum Wirklichkeit werden zu lassen.

Danke.

Ohne diese gesellschaftspolitische Großtat könnte ich nicht an regnerischen Nachmittagen im Telefonbuch stöbern und mitleidig an das wahrscheinlich schwierige Leben von Frau Hohl-Kopp und Frau Große-Flasche denken. Ich könnte nicht über die Faunafreunde M. Vogel-Schwarm und M. Wolf-Fuchs schmunzeln, keinen Einkauf im Geschenkhaus Lang-Wurm oder beim Kunst-

Boris Becker, George W. Bush und Adolf Hitler (v. l. n. r.). Erkennt man doch!

Jahre, bis 2003, galt der Langbein-Buschsänger als ausgestorben

handel Wurm-Schleimer planen. Ich könnte mir nicht ausmalen, wie erfreut Anrufer jedes Mal sein müssen, wenn sich Frau Sommer-Wetter meldet. Und ich könnte nicht herumphantasieren, was bei der Familie Popel-Gärtner* wohl so in den Rabatten wächst. Die Welt wäre ausdrucksärmer ohne Doppelnamen, finden Sie nicht auch?

In der Taxonomie, der Lehre von den biologischen Namen der Pflanzen und Tiere, weiß man das schon lange. Ein Epitheton, also ein angehängter Zweitname, kann dort sogar besonders schmeichelnd sein. Mit dem Zusatz «sapiens» zum Beispiel ernannten die Taxonomen gleich alle Mitglieder einer Art aus der Klasse der Säugetiere, Ordnung der Primaten, Unterordnung Trockennasenaffen, zu Wissenden: *Homo sapiens.*

Ein slowenischer Laufkäfer hatte weniger Glück bei der Taufe. Sein Entdecker, Oscar Scheibel, verpasste ihm 1933 den Namen *Anophthalmus hitleri,* zu Deutsch etwa: Augenloser Hitler. Auf den ersten Blick eine treffende Bezeichnung, denn der Käfer ist blind, braun, blöd und lebt ausschließlich in Höhlen – man könnte also vermuten, hier habe jemand Bunker-Adolf verhohnepipelt. Doch unter Biologen wird bis heute geraunt, Oscar Scheibel wollte seinem geliebten Führer mit dem Käfer ein Denkmal setzen, ihn zumindest in der biologischen Fachliteratur unsterblich machen und habe dafür sogar ein Dankesschreiben aus Berlin erhalten.

So was hatte der schwedische Pedant Carl von Linné bestimmt nicht im Sinn, als er vor einem Vierteljahrtausend beschloss, die göttliche Ordnung zu vervollkommnen, indem er sie klassifizierte, rubrizierte und zwischen Aktendeckel zwängte*. Die binäre Nomenklatur war erfunden, was nichts anderes ist als ein lateinischer Doppelname, mit dessen Hilfe Linné babylonische Wirrwarr lokaler Tier- und Pflanzenbezeichnungen ausrottete. Aus seiner einfachen Idee, vorne die Gattung, hinten die Art, die der jeweilige Entdecker nach Gusto benennen darf, sind inzwischen «Internationale Regeln für die Zoologische Nomenklatur» mit 232 Seiten geworden* – wahrscheinlich das langweiligste Buch der Welt. Doch Taxonomen, die Sonderlinge unter den Naturforschern, lieben es. Sie sind die Gralshüter der Genauigkeit, die Buchhalter der Wissenschaft. Dennoch finden schelmische Kollegen, meist rebellische Feldforscher, immer wieder Wege, um den pedantischen Registerverwaltern allerlei Schabernack unterzujubeln.

Die Botaniker haben ihr eigenes Regelwerk, das allerdings ebenfalls Linnés Idee folgt.

Als Heldenverehrung unter Biologen kann der Titel *Rhinoderma darwinii* durchgehen, schließlich war Darwin der Erdenker der Evolutionstheorie. Da darf ja wohl auch mal ein Tier nach ihm heißen. Dass es sich in diesem speziellen Fall um einen chilenischen Nasenfrosch handelt, hätte den guten Charles bestimmt nicht gestört. Ein politisches Statement dagegen gaben die Entdecker von *Agathidium bushi, A. cheneyi* und *A. rumsfeldi* ab: Wer den Führern der freien Welt ein Kompliment machen will, benennt nicht drei schleimpilzfressende Schwammkugelkäfer nach ihnen. Wohlmeinend dagegen *Palaeopython fischeri* nach dem ehemaligen deutschen Außenminister, der sich für den Erhalt der Grube Messel eingesetzt hatte, in der Fossile dieser ausgestorbenen Würgeschlange gefunden worden waren. Einige von Fischers Parteifreunden allerdings würden das mit der Würgeschlange gerne anders verstehen. Doch solche Gehässigkeiten sind selten, meistens ist es Zuneigung, die Entdecker bei der Namensgebung inspiriert.

Bufonaria borisbeckeri heißt so, weil der Biologe Manfred Parth ein Tennis-Liebhaber ist. Er gab zu Protokoll: «Ich widme die neue Art Boris Becker, dem meines Erachtens größten deutschen Einzelsportler aller Zeiten.»* Erstaunlich nur: Er gab ausgerechnet einer Schnecke den Namen des schnellen Spielers.

Quelle: Spixiana (zoologische Zeitschrift).

Verehrung dürfte auch eine Rolle gespielt haben, als die Fliege *Campsicnemius charliechaplini*, das Bakterium *Legionella shakespearei*, die Zikaden *Beaturia laureli* und *B. hardyi*, die

Ameise *Pheidole harrisonfordi* und die Eulenlaus *Strigiphilus garylarsoni** ihre Titel erhielten. Der Comic-Zeichner Larson, er kreierte zum Beispiel den Cartoon «The Far Side», kommentierte die Benennung einer Laus nach ihm so: «Ich vermute, es handelt sich um eine große Ehre. Außerdem war mir klar, dass niemand mich fragen würde, ob er einen neu entdeckten Schwan nach mir benennen dürfe. Solche Gelegenheiten sind selten und man muss nehmen, was man kriegen kann.»* Larson reagierte wahrscheinlich deshalb so verständnisvoll, weil er vor seiner Künstlerkarriere Biologie studiert hatte.

Musikfans unter den Biologen verleihen ihren Arten besonders gerne Künstlernamen. *Cryolophosaurus* hieß früher *Elvisaurus*. *Avalanchurus simoni* und *A. garfunkeli* können leider nicht mehr singen, denn sie sind ausgestorben. Genauso wie *Miles davis*, *Struszia mccartneyi* oder *Aegrotocatellus jaggeri*. Frank Zappa selbst ist zwar schon tot, der Art *Phialella zappai* geht es meines Wissens aber noch prächtig. «Ich kann mir nichts Besseres vorstellen als eine Qualle mit meinem Namen», freute sich der Rocker einst in einem Brief an den Entdecker Ferdinando Boero. Der italienische Forscher gab später zu, diesen Namen für die neue Art nur gewählt zu haben, um Kontakt zu seinem Idol aufnehmen zu können. Mit Erfolg, die beiden haben sich dann tatsächlich getroffen.

Einige Musiker haben sich ihre Tierart redlich erspielt. So berichtet der Paläontologe Scott Sampson: «Jedes Mal, wenn wir im Steinbruch Dire Straits auflegten, haben wir Masiakasaurus-Knochen gefunden, spielten wir etwas anderes, fanden wir nichts.» Da ist *Masiakasaurus knopfleri* doch gerechtfertigt, oder? Sänger Mark Knopfler meinte dazu: «Die Tatsache, dass es sich um einen Dinosaurier handelt, finde ich passend – allerdings kann ich versichern, nicht im Mindesten grausam zu sein.» («Masiaka» bedeutet «grausam») Die Liste der Rock-Pop-Klassik-Tiere ließe sich fortsetzen, ihr Anteil an der Gesamtbiomasse unseres

Planeten dürfte den menschlicher Musiker um ein Vielfaches übersteigen.

Passend ist sicher, ein Karnickel nach Hugh Hefner, dem Chef aller Playboy-Häschen, *Sylvilagus palustrishefneri* zu rufen (was wörtlich «Hefners sumpflebender Waldhase» bedeutet) und bei *Erechthias beeblebroxi* an den zweischädeligen Helden aus «Per Anhalter durch die Galaxis» zu denken, denn auch die Motte *beeblebroxi* hat ein zweites Gesicht, allerdings ein falsches, zur Tarnung. Sinnig, eine fleißige Ameise, die ungewöhnliche Beute findet, nach der Internet-Suchmaschine als *Proceratium google* zu bezeichnen. *Eristalis gatesi*, nach Bill Gates, wäre vielleicht für einen «bug»*, also einen Käfer, passender gewesen als für eine Schwebfliege, aber nun ja. *Zoogoneticus tequila* hatte, obwohl es sich so anhört, angeblich keinen trinkfreudigen Entdecker. Hierzulande wird der kleine Fisch Tequila-Kärpfling gerufen, Aquarianer empfehlen, ihn bei 19 bis 24 Grad zu halten, in etwa die Serviertemperatur von echtem Tequila. Aber das nur am Rande.

In der Computersprache bezeichnet man einen Programmierfehler als «bug».

Auch die Benennung des Blauwals, mit bis zu 200 Tonnen Gewicht und 33,5 Metern Länge das größte Tier aller Zeiten (auch Saurier würden im Vergleich zu ihm zierlich wirken!) ist mit *Balaenoptera musculus* irreführend, denn «musculus» heißt «Mäuschen».

Eine Spinnenart mit Buckel heißt treffend *Tetragnatha quasimodo*, eine andere mit Stilaugen weniger passend *Walckenaeria pinocchio*, denn meiner Erinnerung nach hatte die berühmte Holzpuppe eine lange Nase und keine langen Augen. Irgendein Fossil *Han Solo* zu taufen, dürfte auf sinnfreie Begeisterung zurückgehen. Völlig falsch ist es aber, zwei Vogelspinnen in Costa Rica *Stichoplastoris asterix* und *Stichoplastoris obelix* zu nennen, obwohl sie fast gleich groß sind. Unglücklich die Fliege, die für immer unter *Pseudatrichia atombomba* firmieren wird, denn sie kann doch nichts dafür, ausgerechnet in der Nähe des Nuklearwaffen-Testgeländes in New Mexico entdeckt worden zu sein. Und was hat die Fliege angestellt, die *Pison eu* (piss-on-you) getauft wurde? Die Grabwespe *Aha ha*? Der Krabbentaucher *Alle alle*? Der Mikroorganismus, der dank eines forschenden Hobbyfotografen nun als *Kamera lens* in den entsprechenden Fachbüchern erscheint?

Dass viele Biologen vor Geschmacklosigkeiten nicht zurückschrecken, demonstrieren sie täglich durch die Wahl ihrer Kleidung. Noch fehlgeleiteter handeln sie im Falle amorös und hormonell bedingter Verwirrung. Putzig sind ja noch die Neigungen des Entomologen George Kirkaldy, der ganze Käfergattungen nach seiner jeweiligen Herzensdame benannte. *Peggichisme* (Peggy-kiss-me), *Dolichisme, Polychisme* ... – ob er sie damit rumgekriegt hat?

Weniger stubenrein sind Titel wie *Brachyanax thelestrephones,* was mit «Kleiner-Ober-Nippel-Kneifer» übersetzt werden kann, oder *Cuterebra emasculator* und *C. sterilisator,* beides steht fürs Entmannen, denn die Larven dieser Fliegen futtern die Hoden ihrer Wirtstiere. Ein Stinkmorchel heißt *Phallus impudicus*, unverschämter Penis, was schlimme Assoziationen weckt. *Spinophallus uminskii* bedeutet übersetzt ungefähr «Uminskis Stachel-Schniedel» und fand seltsamerweise angeblich die Zustimmung des Herrn Uminski. Tja, da ist man mit *Longiphallus* schon besser bedient, und die Schnecken dieser Unterart sind bestimmt stolz auf ihren Namen. Fast schon hellsichtig ist also zu nennen, wieso Reverend Samuel Goodenough (... auch ein lustiger Name!) bereits 1808 Linnés Nomenklatur bekrittelte: «Es ist überflüssig zu sagen, dass Linnés derbe Lüsternheit mit nichts zu vergleichen ist. Die wörtliche Übersetzung seiner [...] Werke reicht aus, um sittsame Damen zu schockieren.» Oder ihre Sinne zu verwirren, indem man zum Beispiel einer winzigen Fliege einen Wortgiganten anhängt: *Parastratiosphecomyia stratiosphecomyioides.*

Nomen est omen, tatsächlich, denn der falsche Name kann einer ganzen Art das Dasein versauen. Der Hitlerkäfer zum Beispiel, der blind und dumm durch seine osteuropäischen Höhlen stolpert, weiß nichts von Blitzkrieg oder Rassenwahn und gehört dennoch zu den Opfern. Wegen seines Epithetons weigern sich angeblich viele naturkundliche Sammlungen, ihn aufzunehmen. Oder er wird geklaut, wegens seines Wertes. Denn bei Neonazis ist *A. hitleri* so beliebt, dass sie dafür auf Insektenauktionen Höchstpreise zahlen – angeblich bis zu 1000 Euro pro Stück.* Ihre Sammelwut droht den Fascho-Käfer nun auszurotten. Ein Insekt ohne Lebensraum. O Mann!

Heißt es zumindest bei Wikipedia.

Irgendwo in Idaho
Für den kleinen Hunger zwischendurch:
Heuschrecken

Liebt Grillen,
ist aber auf Diät:
Greg Sword

Feldforscher folgen ihren tierischen Forschungsobjekten oft an Orte, die kein vernünftiger Mensch jemals ansteuern würde. Malad, denke ich bei der Ankunft in unserer muffigen Absteige, ist so ein Ort. Die 4000-Seelen-Gemeinde an der Interstate 15 ist nicht gerade gesegnet mit Attraktionen: Es gibt zwei Tankstellen und ein Motel, das bedenklich an jenes aus dem Film «Psycho» erinnert. Ich habe vor dem Duschen jedenfalls immer die Tür abgeschlossen. Nur einen Steinwurf von meinem Zimmer entfernt: das «Malad Hospital». Zu Deutsch: das «Kranke Krankenhaus». Oje.

Offenbar ein programmatischer Name, denn mies fühlte sich hier schon der erste Weiße, der 1818 in die Gegend kam. Donald Mackenzie hat dann, aus kleinlicher Rachsucht an einer wehrlosen Landschaft, gleich die ganze Gegend «Malad» getauft. Heute wissen wir: Dem Pionier war eine ungewöhnliche Mahlzeit auf den Magen geschlagen. Er und seine Begleiter hatten Biberfleisch gegessen, nicht wissend, dass die Biber der Gegend gerne arsenhaltige Wurzeln kauen. Das Arsen im Fleisch stieß den Entdeckern dann übel auf.

Die Landschaft rund um Malad ist aber eigentlich gar nicht schlecht: Sanfte Hügel, auf denen sich Gras und Weizen im Wind wiegen, die Äcker reichen bis an den Horizont. Das ist Idaho, «The Potato State», wie es stolz auf den Nummernschildern der Autos heißt. Die jährliche Wahl der Kartoffelkönigin ist dementsprechend ein gesellschaftliches Highlight. Außerdem, es ist Mormonenland, glauben viele noch heute an göttliche Wunder.

Greg Sword ist überhaupt kein Typ, der an Wunder glaubt. Der Biologe vom US Department of Agriculture (USDA)* erforscht Heuschrecken und hat gerade zehn Kilogramm abgenommen. Mindestens. «Keine Kohlenhydrate», erläutert er stolz seinen Abspeckerfolg.

Inzwischen arbeitet er für die Universität Sydney, Australien.

Wir stehen in der Mittagssonne auf einem Hügel über der Stadt und beobachten ein dunkles, schätzungsweise 100 Meter breites und über einen Kilometer langes Band, das sich talauf, talab durch die Landschaft windet. Heuschrecken. Oder biologisch korrekt: «Mormon Crickets», Mormonengrillen*.

Grillen sind eine Unterfamilie der Heuschrecken.

Die Tiere verdanken ihren Namen Brigham Young, und der wiederum hatte im Gegensatz zu Greg Sword definitiv keinen Schimmer von Biologie. Trotzdem tragen Universitäten seinen Namen, Kirchen und Plätze. Jedes Jahr am 24. Juli, dem «Pioneer's Day», gedenkt man seiner. Young ist der Held einer dieser Wild-West-Legenden, auf die Amerikaner immer so unglaublich stolz sind. Diese hier geht so:

Im Jahr 1847 ziehen 148 Mormonen mit ihren Planwagen in Richtung Westen, weil ihr religiöser Eifer den Leuten daheim auf die Nerven ging. Es war Youngs Idee gewesen, sein kleines Völkchen, die Splittergruppe einer Splittergruppe, ins Gelobte Land zu führen. Er hatte zwar nicht die geringste Ahnung, wo das liegen könnte, aber was macht das schon – der Mensch denkt, Gott lenkt.

Nach allerlei Hin und Her landet die beseelte Gesellschaft schließlich an einem Ort, wo der Jordan River (sic!) in einen riesigen Salzsee mündet. Sie gründet dort eine Stadt und gibt ihr den wenig originellen Namen Salt Lake City. Weltweit bekannt wird die Siedlung gut anderthalb Jahrhunderte später als Austragungsort der Olympischen Winterspiele und durch den kalauerndtraurigen Bluessong: «I lost my sugar in Salt Lake City.»

148 Siedler, nur drei davon Frauen, da fehlt, zumindest in zwischenmenschlicher Hinsicht, tatsächlich das Salz in der Suppe: Den fleißigen Mormonen bleibt viel Zeit für die Feldarbeit. Gerade als dann alles wächst und gedeiht und die Neusiedler schon das Erntedankfest planen, hat Gott wieder eine dieser Ideen. Eine Plage!

Wie bei Prüfungen biblischen Stils üblich, gibt es zunächst eine Katastrophe und dann eine Erlösung. Das Böse wird in diesem Fall von Heuschrecken verkörpert, die über die Ernte herfallen. Die Mormonen verteidigen sich durch aggressives Beten, angeführt von Brigham Young. Kurz vor Vollendung der biblischen

Apokalypse schweben plötzlich Möwen ein und fressen die Grillen. Lobet den Herrn! Ein Wunder! Das Ganze wird später von Hollywood verfilmt.*

Brigham Young ist seit dem wundersamen Sieg über die Heuschrecken ein Säulenheiliger der Mormonen. Auch für die Möwen ist ein bisschen Verehrung abgefallen, manifestiert in einem Denkmal vor dem Tempel von Salt Lake City. Außerdem wird die Art *Larus californicus* zum «State Bird of Utah» ernannt. Young (wie ungerecht!) kriegt gleich mehrere Denkmäler und noch mehr Frauen. Mit ungefähr 50 Eheweibern zeugt er 57 Kinder – und das ist bloß die offizielle Zahl! Fast so viele Nachkommen also, wie ein Heuschreckenmännchen bei einer erfolgreichen Paarung* zustande bringt.

Auch die anderen Mormonen vermehren sich und dominieren fortan Wirtschaft und Politik des Staates Utah, verehren Young und pflegen die Legende von den bösen Grillen und den guten Möwen. Und weil sie nicht gestorben sind, tun sie das noch heute.

«Ich habe schon häufiger gesehen, dass Möwen Heuschrecken fressen», erzählt mir eine patente Farmersfrau aus Malad. Sehr glaubwürdig wirkt sie dabei. Sollten die betenden Bauern 1848 wirklich so viel Schwein gehabt haben? Tä-tärä-tää! Die Möwen kommen wie die Kavallerie im exakt richtigen Moment, um die Bedrängten zu retten?

«Nicht unmöglich», meint Greg, «aber auch nicht wahrscheinlich.» Normalerweise fressen die Vögel nur in Einzelfällen Mormonengrillen, die der Siedler-Saga ihren Namen und ihren schlechten Ruf verdanken. Denn die Hüpfer erbrechen bei Gefahr ein schmierig-braunes Sekret, das höllisch stinkt und im Hals brennt wie Fegefeuer. Ich habe ewig gebraucht, um mir das Zeug von den Fingern zu schrubben. So was schmeckt wahrscheinlich selbst Möwen nicht. Auch dann nicht, wenn sie im Namen des Herrn unterwegs sind. «Ein Teil der Grillen-Verteidigungsstra-

Brigham Young: Frontiersman, USA 1940, Regie: Henry Hathaway, Hauptdarsteller: Tyrone Power; außerdem ließ John Ford sich durch die Mormonentrecks zu seinem Film «Westlich St. Louis» inspirieren.

Die Vielweiberei haben die Mormonen erst um 1890 offiziell abgeschafft, bis dahin war sie innerhalb der religiösen Splittergruppe um Brigham Young nicht unüblich, obwohl schon damals in den USA illegal.

südaustralische Tierarten galten 2004 als bedroht

Der soziale Wohnungsbau in Afrika ist eine Schande!

tegie», sagt Greg über die ätzende Spucke. «Außerdem habe ich mal nachgerechnet: Ein Schwarm, der als Plage bezeichnet werden kann, bringt mehrere tausend Tonnen auf die Waage.» So viel können auch sehr, sehr viele, sehr, sehr hungrige Möwen nicht an einem einzigen Tag verdrücken, sie wiegen ja selbst nur ein bis zwei Kilo – das große Fressen ist

allenfalls theologisch begründbar, biologisch aber nicht. Ich nehme also an, die Mormonen haben ihre schöne Siedler-Story ein bisschen aufgepeppt.

Greg zieht seine Heißleimpistole. Ich bin dran. Bastelarbeiten sind zwar nicht gerade meine Stärke, aber nach einer halben Stunde habe ich es trotzdem geschafft: Ein Mini-Sender klebt wie ein Rucksack auf dem Rücken des etwa vier Zentimeter kleinen Insektes. Am nächsten Tag spüren wir es mit Hilfe einer Antenne unter einem Busch auf. Toll, diese Senderchen! Nur ein Gramm schwer, damit kann man die Tiere wie winzige Undercover-Agenten zurück in den Schwarm schicken. Greg hat das schon tausend Mal gemacht, um herauszufinden, welche Umwelteinflüsse den Marsch der Sechsbeiner beeinflussen und wie weit sie in welcher Zeit krabbeln. Entscheidende Daten für die Kontrolle und Bekämpfung der Plagen.

Eine Heuschrecke auf Wanderschaft verputzt jeden Tag so viel, wie sie selbst wiegt. «Also etwa zwei Gramm», rechnet Greg vor, «und ein großer Schwarm besteht aus vielen Millionen Individuen.» Kein Wunder, dass Farmer keine Heuschrecken mögen.

In Afrika ist alles noch viel schlimmer. Insbesondere *Schistocerca gregaria*, die Afrikanische Wüstenheuschrecke, ist für die

Bewohner Nordafrikas noch heute eine genauso tödliche Bedrohung wie zu biblischer Zeit. Ein afrikanischer Schwarm kann eine Größe von mehreren hundert Quadratkilometern erreichen und verschlingt alles, was seine Wege kreuzt. Aus Somalia stammt der Bericht über einen Schwarm mit unglaublichen 13 Milliarden Tieren, die sich über 700 Quadratkilometer verteilten.*

Quelle: Metcalf & Metcalf, 1993; 3.2

Schlimm: Im Gegensatz zu ihren Verwandten in Amerika können die Afrikanischen Wüstenheuschrecken auch noch fliegen, und das sogar besonders energiesparend. Ein ausgefeilter Hebelmechanismus sorgt für viel Bewegung bei wenig Energieaufwand. Während zum Beispiel eine Honigbiene eine Stunde nach dem Start bereits 10 bis 30 Prozent ihres Körpergewichtes verloren hat, sind es bei der Wanderheuschrecke weniger als ein Prozent – die Schrecken sind echte Billigflieger! Langstreckentrips von 17 Stunden Dauer sind mit diesen Techniken möglich, eine Fliege muss schon nach spätestens einer Stunde notlanden. Die Reichweite der Heuschreckenschwärme steigt dadurch auf mehrere hundert Kilometer am Tag. Weil sie auf den Luftströmungen reisen, nennt der Koran die Tiere in wunderbar-blumigem Arabisch die «Zähne des Windes». Einzelne Schwärme sind schon über 2 000 Meter hoch aufgestiegen und über den ganzen Atlantik getragen worden. Zähne im Jetstream.

Erhebt sich so ein vielköpfiges Monster in die Luft, verdunkelt sich für Stunden die Sonne. Die Luft ist erfüllt von bedrohlichen Geräuschen. Raschelnd reiben Myriaden Körper aneinander, knarrend schlagen ihre Flügelpaare und schmatzend mahlen nimmermüde Kiefer. Unter den Füßen knirschen aufplatzende Insektenleiber, und die Welt verschwindet in Milliarden Mägen. Zurück bleibt weder Grünes noch Lebendiges. Nur Staub und Stille.

Aber warum mutieren lustige Hüpfer, die ansonsten allenfalls als akustische Begleiter* von Grillfesten und romantischen Sommerabenden in Erscheinung treten, in Afrika und Amerika alle paar Jahre zu Monstern? Das ist

Das Geräusch wird mit sogenannten Stridulationsorganen erzeugt, Feldheuschrecken beispielsweise reiben ihre Hinterbeine an speziellen Adern der Vorderflügel.

für Heuschreckenforscher die Frage der Fragen. Die Antwort: Es ist ein bisschen so wie bei der Geschichte von Dr. Jekyll und Mr. Hyde. Nur viel schlimmer.

Zunächst der Normalfall: Die brave Heuschrecke, nennen wir sie Dr. Jekyll, sitzt harmlos, grün und lebenslang auf einem Grashalm, knabbert schüchtern ein bisschen hier und dort, verlässt nie ihre Heimat und zirpt schmachtende Liebeslieder, um eine Frau Jekyll zu finden – was gar nicht so einfach ist, da es nur sehr wenige davon gibt. Alles in allem ist Dr. Jekyll ein recht netter, unauffälliger Kerl.

Und jetzt die Katastrophe: Aus Dr. Jekyll wird Mr. Hyde, die Wanderheuschrecke. Er läuft erst rosa und dann gelb an, leidet unter multiplen Persönlichkeitsstörungen, vermehrt sich explosionsartig, erzeugt eine vielköpfige Fressmaschine, die verheerende Beutezüge unternimmt. Ein ziemlich ekliger Typ, dieser Hyde.

Die beiden, das scheint klar, können unmöglich ein und dasselbe Wesen sein. In Robert Louis Stevensons Roman aber wird der freundliche Dr. Jekyll nächtens zum monströsen Mr. Hyde. Genauso ist es mit den Heuschrecken, harmlose Grashüpfer mutieren manchmal zu gefährlichen Wanderheuschrecken. Nur werden dabei aus ein paar Jekylls ein paar Milliarden Hydes.

«Bis vor einigen Jahrzehnten glaubte man, bei den Einzelgängern handele es sich tatsächlich um eine ganz andere Art als bei den Schwärmern», erzählt mir Greg. Doch inzwischen ist klar: Das war ein Irrtum. Die ganz und gar unfassbare Erklärung: Alle paar Jahre «verwandelt» sich die eine «Art» in die andere, aus dem Individualisten in der solitären Phase wird ein Schwarmtier der gregären Phase, und das ist interessant für Greg. Das passiert immer dann, wenn die Populationsdichte einen bestimmten Wert überschreitet, was passieren kann, wenn es im trockenen Lebensraum der Tiere ausnahmsweise mal genug Regen und Futter gibt. Dann hocken plötzlich so viele Exemplare neben- und aufeinander, dass sie mit ihren Beinchen aneinanderreiben. Ab 74* Tieren pro Quadratmeter können

So das Ergebnis einer Studie von Jerome Buhl an der University of Sydney

Zentimeter: Obergrenze Normalwachstum sechsjähriger Junge

diese scheinbar so harmlosen Berührungen die Produktion von Pheromonen* auslösen. Die benebelten Hüpfer der folgenden Generationen legen daraufhin Eier, aus denen kleine Monster schlüpfen, die weder so aussehen wie ihre Eltern noch sich so verhalten.

Chemische Botenstoffe

Das liest sich unglaublich, und das ist es auch. Stellen Sie sich vor, Ihnen würde jemand eine Zeit lang das Knie tätscheln. Daraufhin bekommen sie knallgelbe Kinder mit Flügeln, die eine fremde Sprache sprechen und mit anderen gelben Kindern, von denen es plötzlich nur so wimmelt, telepathisch in Verbindung stehen. Alle gelben Kinder fliegen dann eines Tages plötzlich davon und Sie hören anschließend in den Nachrichten, die Flatterwesen hätten einen halben Kontinent verwüstet. So ungefähr ist das! Also beklagen Sie sich nie, nie mehr über Ihren Nachwuchs, sondern denken Sie daran, wie verdammt missraten die Brut einiger Insekten-Eltern ist.

In Versuchen konnte man Heuschrecken schon durch eine relativ kurze Stimulation mit einem Pinsel dazu bringen, die unheilvolle Verwandlung zu vollziehen*. Ein bisschen reiben, und – schwups! – wird aus Dr. Jekyll Mr. Hyde.

Versuch an der Universität Oxford laut *Spiegel online* **vom 27. März 2001**

Dem Wunder der Verwandlung folgt dann noch das Wunder des Schwärmens. Ein Tier, das sein Interesse an Artgenossen normalerweise darauf beschränkt, ab und zu mal ein bißchen zu poppen, gehorcht auf einmal den rätselhaften

Rosa Riese:
Mr. Hyde ist
immer auf dem
Sprung.

Signalen eines Super-Organismus. Wie die Borgs, die Maschinenmenschen aus der Serie «Raumschiff Enterprise», werden die
einzelnen Wesen zu willenlosen Werkzeugen der Gemeinschaft.
Gesteuert wird das wiederum chemisch, dieses Mal von Aggregationspheromonen, die für das Zusammenrotten der Heuschrecken und ihre angsteinflößend synchrone Lebensführung
zuständig sind. Wie von Geisterhand gelenkt versammeln sich
Milliarden Individuen und heben gemeinsam ab, um ihr Zerstörungswerk über das Land zu tragen. Die Verwüstungen enden
meist erst, wenn der Wind die Schwärme aufs Meer hinaustreibt
oder das Wetter umschlägt und dadurch die schnelle Generationenfolge unterbrochen wird.

Nach nur sechs bis sieben Wochen ist eine Generation geschlechtsreif, ein Weibchen legt in ihrem kurzen Leben von kaum mehr als 60 Tagen bis zu vier Mal Eier – und zwar jedes Mal um die hundert Stück! Daraus schlüpfen dann ungefähr wieder 50 Weibchen, die zusammen 5000 Eier legen. Aus ein paar Millionen Heuschrecken werden so ganz schnell ein paar Milliarden oder gar Billionen.

Die Ausmaße dieser Katastrophen sprengen jeden Vorstellungsrahmen. Nehmen wir den schon erwähnten 700 Quadratkilometer-Schwarm mit 13 Milliarden Tieren. Sie wiegt dann rund 26 Milliarden Gramm und verschlingen entsprechend etwa 26000 Tonnen Nahrung pro Tag. Sechsundzwanzigtausend Tonnen! Täglich! Das Gewicht der Titanic*! Es gibt aber noch größere Schwärme und oft auch mehrere gleichzeitig. Bedroht von solchen Plagen ist ein Gebiet, das sechzig Nationen und zwanzig Prozent der gesamten Landfläche der Erde umfasst. Dort leben zehn Prozent aller Menschen. Hätten Heuschrecken auch noch Raumfahrzeuge, müssten sich wohl selbst die Borgs ernsthafte Sorgen um die nächste Ernte machen. Und Greg bräuchte für seinen Job ein Spaceship.

Gewicht des Schiffsrumpfes ohne Innenausbauten

Wir haben zwar keinen Captain Kirk und keine Enterprise-Crew, aber wir haben Professor Hans-Jörg Ferenz und seine Mitarbeiter an der Uni Halle. Ferenz beobachtet die Tiere in seinem Labor beim Sex, streng wissenschaftlich natürlich. Vor dreißig Jahren hat er damit angefangen, die egalitär lebenden Insekten zu erforschen. Jetzt ist er gerade sechzig geworden, gilt weltweit als eine Koryphäe der Orthopterologie* und züchtet in einem überhitzten Stahlcontainer auf dem Institutsgelände Wüstenheuschrecken. «Die Tiere entwickeln sich vom Ei zur Larve, dann über verschiedene Stufen, von denen jede mit einer Häutung endet, schließlich zur adulten Form.» Das ist dann die, die fliegen kann und auf Wanderschaft geht. Ferenz träumt davon, «Plagen zu verhindern, ohne die chemische Keule auszupacken.» Seine Geheimwaffe: Pheromone, also ausgerechnet

Orthopterologen sind Heuschreckenforscher.

Stoffe, die so ähnlich funktionieren wie jene, die an dem ganzen Schlamassel schuld sind.

«Normalerweise haben die Männchen bei der Paarung keine Konkurrenten», erläutert Ferenz, «das ändert sich aber bei hoher Populationsdichte.» Dann gibt es viele Freier, und wer zuletzt kommt, den belohnt das Leben: Er wird Vater. Also bleiben die Männchen nach dem Sex vorsichtshalber auf den Weibchen hocken, bis die Eier gelegt sind. Um zwischendurch angreifende Nebenbuhler loszuwerden, «produzieren sie so eine Art sexuelle Tarnkappe. Die besteht aus Duftstoffen, die andere Männchen entmutigen, verwirren, am Balzen hindern.» Dieses männerabschreckende Parfüm heißt Phenylacetonidril und hätte unter einem etwas eingängigeren Namen vielleicht auch in der Kosmetikindustrie eine Zukunft. Ferenz hofft, den billig herzustellenden Stoff über ganzen Heuschreckenschwärmen versprühen zu können, «um das Fortpflanzungsgeschäft zu stören». Ganz so weit ist die Forschung aber noch nicht.

Zur Bekämpfung von Plagen kann man prophylaktisch auch den Boden umpflügen, in den die Weibchen ihre Eier legen. Vorausgesetzt, man kennt die Nistgründe. Dieses Verfahren ist spätestens seit Aristoteles' Zeiten bekannt. Es gab Mitte des 7. Jahrhunderts sogar mal einen Heuschreckenkrieg zwischen zwei griechischen Staaten, Magnesia und Ephesos, weil die eine Stadt sich weigerte, den Boden im Grenzgebiet wie vereinbart umzupflügen. Daraufhin griffen beide Seiten zu den Waffen. Ob dieses Gemetzel am Rande der Geschichte der Ursprung des Pazifisten-Mottos «Schwerter zu Pflugscharen» ist, weiß ich leider nicht. Mehr Pflüge und weniger Schwerter hätten aber in diesem speziellen Fall ganz gewiss geholfen.

Heute wird mit vielen Bekämpfungsmethoden experimentiert. Pilzsporen sollen die Insektenlarven töten, verzweifelte Bauern entzünden große Feuer, um Schwärme zu vertreiben, oder schlagen lärmend auf leere Blechdosen. Überdimensionale Staubsauger, Flammenwerfer, Laser und Netze kommen zum Einsatz.

Meist vergeblich. Ferenz' Pheromone scheinen der vielversprechendste Ansatz zu sein.

«Zurzeit bleibt oft leider nur die chemische Keule», bedauert der Professor aus Halle, der seine Duft-Forschung gerne intensivieren möchte. Und auch sein Kollege Greg Sword greift nicht gerne in den Giftschrank, muss es aber mangels Alternative doch hin und wieder tun. «So wenig und so selten wie möglich», sagt er dazu, während wir durch einen Schwarm fahren. Alle paar hundert Meter müssen wir unseren Wagen anhalten und tote Leiber aus den Rippen des Kühlers kratzen, der ansonsten überhitzen würde. Sekundenschnell sind die Tiere überall, in Hosenbeinen, Taschen, Ohren. Eklig. Fühlen sie sich bedroht, beißen die Mormonengrillen sogar zu, was ganz schön zwickt.

Bei den meist gläubigen Farmern in Utah und Idaho lösen die Fressmaschinen biblische Angstreflexe aus. Was Gott als Plage schickt, muss ganz und gar böse sein. Heuschrecken haben ein ernsthaftes Imageproblem. Früher, bei den Ureinwohnern Nordamerikas, war das anders.

Die Indianer, die vor den Mormonen in Utah siedelten, hatten nämlich eine sehr pragmatische Methode, um heuschreckenbedingte Hungersnöte zu vermeiden. Sie haben, fraßen die Hüpfer ihnen die Nahrung weg, einfach im Gegenzug die Insekten gegessen.* Das ist gesund, nahrhaft und lecker, vor allem eiweißreich und fettarm. In Südamerika, Afrika und Asien ist es bis heute üblich, Heuschrecken zu vernaschen. In Israel gelten sie sogar als koscher. Ich habe sie probiert, gar nicht schlecht! Viel besser jedenfalls als der Fraß aus dem Tankstellenshop in Malad. Nebenbei bemerkt: Mein Grashüpfer-Lieblingsrezept stammt aus Indonesien, dabei wird jedes einzelne Tier mit einer Erdnuss gefüllt und dann im Wok mit Sesamöl knusprig gebraten. Auch nicht schlecht: Heuschrecken-Satay an Madenvariation, gesehen in China. Dort gibt es die Hüpfer auch mit Schokolade überzogen, das ist beliebt bei den Kleinen.

Greg Sword, der Heuschreckenbekämpfer, naschte früher auch

Das Verzehren von Insekten wird Entomophagie genannt.

ab und zu ein paar seiner Forschungsobjekte. Ich hoffe, er macht jetzt bald Schluss mit seiner Diät und haut wieder richtig rein. Er könnte sein Problem dann einfach aufessen. Was für ein schöner Gedanke.

Kröte rennt!
Bioinvasor,
Drogenkurier,
Massenmörder:
die Aga-Kröte

Schön:
Australien
hat ein neues
Maskottchen!

Die Rückhand, kraftvoll und mit leichtem Topspin geschlagen, ist tödlich: Über der Grundlinie zerplatzt die Kröte wie eine reife Pflaume. Mit einem mechanischen «Plopp» saust dann die nächste aus dem Aufschlagautomaten übers Netz. Fünfzig Tiere stecken im Magazin, alle werden ins Jenseits geschmettert. Serve and volley. Das Tennishemd ist blutig, und von der Bespannung tropfen Innereien. Was für ein Spiel!

In der Radio-Call-In-Show, die aus meinem Autoradio plärrt, höre ich eine ganze Reihe solcher Geschichten. «Funny ways to kill a cane toad», lautet das Motto der Sendung, «lustige Methoden, Aga-Kröten umzubringen.» Der Moderator feixt und die Anrufer nehmen gut gelaunt ein verbales Blutbad.

Der im Osten Australiens liegende Bundesstaat Queensland ist Zuckerrohr-Land, und während an meinem Fenster die endlosen Süßstoff-Felder vorbeiziehen, höre ich weiter lebhafte Erzählungen über fröhliche Massentötungen. Man ahnt: Aga-Kröten sind down under unten durch.

Ich habe schon Australier getroffen, die ihren Hund aus lauter Tierliebe nur mit Bio-Steaks füttern und täglich die Kacke ihres vierbeinigen Freundes visitieren, um daraus besorgte Rückschlüsse auf dessen Gesundheitszustand zu ziehen. Dieselben Leute finden nichts dabei, mit Dartpfeilen auf Kröten zu zielen.

Im Gegenteil. Kaum eine Mordphantasie, die nicht dem Aga-Praxistest unterworfen wird: Golfschläger (8er Eisen!) kommen genauso zum Einsatz wie Aufstellfallen, Klappspaten, selbstgebaute Flammenwerfer, Gefrierschränke, Starkstrom-Drähte, vergiftete Gartenteiche, Mistforken, Handfeuerwaffen, Kricketschläger oder Rasenmäher. Politiker spornen die Mordlust öffentlich an, die Regierung finanziert Vernichtungskampagnen.

Aus toten Exemplaren werden Geldbörsen, Handtaschen oder Gürtel hergestellt – eher Trophäen denn modische Accessoires. Das Leben ist kein Zuckerschlecken, muss man es als hässliche, giftige und gefräßige Kröte voller Warzen fristen. Zumindest nicht in Australien. Denn dort wird kein Tier so gehasst wie die «cane toad». Sie gilt als die schlimmste aller Plagen. Doch die Zuckerkröte erträgt die Ablehnung und all die Nachstellungen mit stoischer Ruhe. Ein plumper Klops, ein warziger Buddha.

In seiner südamerikanischen Heimat führt der hässliche Hopser, eine olivbraune Kröte mit Giftdrüsen am Hinterkopf, seit eh und je ein eher unscheinbares Leben. Nur während der Regenzeit ist *Bufo marinus* manchmal etwas lästig, weil er dann in Gebäuden Zuflucht sucht. Mich hat sein glockenheller Ruf schon auf venezolanischen Toiletten und in brasilianischen Hotelbetten erschreckt. Aber sonst: Eine Art unter vielen, kein Grund zur Panik.

Doch dann, nach Äonen eines friedlichen, völlig zweckfreien und ergo wahrscheinlich rundherum unbeschwerten Daseins im südamerikanischen Dschungel, ruft plötzlich und unerwartet die Pflicht. Die Agas werden zwangsrekrutiert, man stellt sie in den Dienst des australischen Nährstandes.

Als Gastarbeiter gelangen 101 Exemplare von Venezuela über Hawaii auf die «Meringa Experimental Station» in der Nähe der Stadt Cairns. Dort kopulieren sie so emsig, dass die Krötenzüchter schon einige Monate später ihre biologische Massenvernichtungswaffe zünden können.

Quelle zahlreicher Fakten in diesem Text: Commonwealth Scientific and Research Organization (CSIRO), Australia

Zwischen Juni 1935 und März 1937 setzt das «Australian Bureau of Sugar Experimental Stations» dann insgesamt 62000 Exemplare aus.* Sie sollen Zuckerrohrkäfer futtern, um den Einsatz von Pestiziden überflüssig zu machen. Leider war den offenbar etwas tüdeligen Aga-Forschern entgangen, dass die warzigen Widerlinge richtige Fressmaschinen sind und alles Mögliche in sich reinschlingen. Wirklich alles. Mit einer Ausnahme: Zu-

Schön praktisch: Kröte mit Reißverschluss

ckerrohrkäfer. Die sitzen nämlich oben auf den Pflanzen oder bohren sich in die Stängel, also dort, wo die sprungschwache Bodenkröte niemals hinkommt. Leider, leider war das niemandem aufgefallen.

Von Natur aus ist *Bufo marinus* ein zähes Vieh. So anpassungsfähig, dass es gleichermaßen durch tropische Regenwälder, über Graslandschaften, Äcker und Vorgärten hoppeln kann. Für ein Amphibium erstaunlich: Es kann sogar Dürreperioden überstehen, in denen es die Hälfte seiner Körperflüssigkeit verliert. Weiter ist es mit einer großen Klappe und einem Verdauungssystem ausgestattet, das so wahllos verwertet wie eine Müllverbrennungsanlage. Von Eidechsen über Insekten, Hundefutter, Schildkrötenbabys, Vögel und Minischlangen bis hin zu Mäusen reicht das Menü; Abfälle werden genauso wenig verschmäht wie junge Ratten, andere Kleinsäugetiere und der eigene Nachwuchs. Zur Not geht es eine Zeit lang sogar vegetarisch. *Bufo marinus* lebt nach der Devise: Kannst du es schlucken, ist es auch essbar!

Mit dieser Einstellung bringt es der Krabbler auf für Kröten elefantöse Maße: Eine «big mama» (die Weibchen werden größer als die Männchen) kann sich auf über 20 Zentimeter Länge und ein Kilo Gewicht hochfressen. Damit ist sie die größte Kröte der Welt.* In Gefangenschaft geht es noch fetter: «Prinsen», eine dänische Haus-Aga-Kröte, ging mit offiziell vermessenen 38 Zentimetern Länge und 2,65 Kilogramm in die Annalen ein.

Fett, giftig und verwarzt – so wackelt der Froschlurch seit nunmehr 70 Jahren durch Australien, die Populationsdichte übersteigt jene in der venezolanischen Heimat inzwischen stellenweise um das Zehn- bis Hundertfache, der zähe Froschlurch dürfte damit einer der erfolgreichsten Neozoen* des Planeten sein. Nichts und niemand konnten

Konkurrent um den Titel «größte Kröte» ist die Kolumbianische Riesenkröte, *Bufo blombergi,* die genauso groß wird. Der Streit um das größte Individuum ist nicht eindeutig zu entscheiden, da verschiedene Quellen unterschiedliche Maße angeben.

Von Menschen wissentlich oder unwissentlich eingeschleppte Tiere, die sich in der neuen Heimat etablieren konnten.

verschiedene Säugetierarten leben im Tschad

den Bioinvasor bisher aufhalten. Versuche und Vorschläge gab und gibt es zuhauf: Künstliche Killerviren, Giftköder, die Ansiedlung eines Bufo-Fressers, ein Geschlechtsumwandlungs-Gen, gewaltige Schutzzäune und manuelle Massentötungen werden genauso erwogen und erprobt wie der Einsatz von Disco-Kugeln, deren Lichtreflexe den

Unschön: Warzen wird man nur schwer wieder los.

giftigen Rammlern angeblich die Lust an der Kopulation verstrahlen. Doch bisher hat nichts davon befriedigend funktioniert, nicht einmal die Beseitigung der Kadaver ist geklärt. Zurzeit wird erwogen, aus toten Kröten flüssigen Dünger herzustellen. Millionen Steuerdollars sind bereits versickert. Das Ganze ist zum Quaken.

Bufo besiedelt heute eine Fläche, die drei Mal so groß ist wie Deutschland. Ein Aga-Weibchen legt bis zu 35 000 Eier – und das sogar zwei Mal pro Jahr. Die Population in Australien steigt jedes Jahr um sagenhafte 25 Prozent! Die Kaulquappen sind schon giftig genug, um Libellenlarven, Wasserkäfern, Schildkröten und anderen den Magen zu verderben, diese Unverträglichkeit nimmt dann mit dem Alter noch zu: Ganze Tierfriedhöfe könnte man mit den Hunden und Katzen füllen, die vorwitzig in einen Bufo bissen und dann verendeten.

Noch dramatischer sind die Folgen für die Wildtiere Australiens. Ungezählte Dingos, Schlangen und Raubvögel hat das Bufo-Gift schon dahingerafft, sogar große Krokodile können nach einem Krötenhappen sterben oder zumindest den ersten Trip ihres Lebens machen – das Gift wirkt richtig dosiert nämlich wie eine Droge.*

Das getrocknete Sekret kommt denn auch in den Pfeifen experimentierfreudiger Partygänger zum Zug, andere wagen gar den furchtlosen Zungenschlag aufs lebende Objekt. Kenner ängstigen die Kröten zuvor mit der Flamme eines Feuerzeuges, da diese dann mehr Bufotenin* ausscheiden. Man kann die Tiere sogar regelrecht melken, indem man die giftproduzierenden Drüsen mit den Fingern stimuliert. Eine Kröte am Morgen vertreibt Kummer und Sorgen!

Konsumenten berichten nach ein paar tiefen Zügen von Farberscheinungen, Euphorie, Selbstüberschätzung. Kurz gesagt wirkt das Zeug so ähnlich wie LSD. Mit beträchtlichen Nebenwirkungen allerdings, die von simpler Übelkeit bis zu lebensgefährlichen Herzrhythmusstörungen

Bestandteile sind neben den Halluzinogenen DMT und 5-MeO-DMT auch viele Giftstoffe. Katecholamine erhöhen die Herzfrequenz, während Bufotoxine sie senken. Mögliche Folgen: Herzrhythmusstörungen, Bluthochdruck, epilepsieartige Verkrampfungen u. a.

Ein von den Kröten produziertes Halluzinogen.

Millionen Wandertauben bildeten einst den größten je gezählten Schwarm

reichen. Sollte es irgendwo auf der Welt dennoch ein paar mutige Hippies geben, die ihr Bewusstsein erweitern wollen – hier ist sie, die *magic toad*! Rettet Australien, raucht mehr Kröten!

Sollten nach diesem Aufruf nicht plötzlich Heerscharen von Drogenkonsumenten aufbrechen, um sich als Leckfeinde der Kröten zu etablieren, wird *Bufo marinus* wohl weiter sein Unwesen treiben. Da die Droge nicht legal ist – Bufotenine fallen in Australien unter das Betäubungsmittelgesetz –, sind Junkies wohl leider keine realistische Lösung.

Inzwischen quakt es schon fast überall: auf dem Olympia-Gelände von Sydney, an den Highways bei Cairns, im

Schön, wenn nicht nur das Aussehen den Ausschlag gibt!

Kakadu-Nationalpark und einmal sogar schon im Parlament des Northern Territory – ob das Tier sich dorthin bloß verlaufen hatte oder einen Waffenstillstand mit den Menschen aushandeln wollte, ist leider nicht überliefert. Wahrscheinlich wurde der Emissär der Krötenarmee vom Parlamentshausmeister erschlagen.

In den ersten Jahrzehnten schob sich die Krötenfront jährlich um lediglich etwa 10 Kilometer vorwärts, inzwischen okkupiert *Bufo marinus* innerhalb von zwölf Monaten etwa 50 bis 60 zusätzliche Kilometer. Der Grund dafür: Die aktuellen Krötenmodelle sind höhergelegt.

Ein Forscherteam der University of Sydney hat herausgefunden, dass die Agas von heute längere Beine haben als ihre Vorfahren. Ein toller Vorteil für eine Tierart, die als Bioinvasor einen ganzen Kontinent erstürmen möchte. Die Kröte rennt! Ganz und gar erstaunlich daran: Die fortschrittlichen Laufwerkzeuge haben sich in nur 70 Jahren entwickelt. Da denkt man, die Entwicklung der Arten sei ungefähr so spannend anzusehen wie eine Liveübertragung der Kontinentaldrift, und nun das: Blitzevolution! Nur 70 Jahre! Das ist die gefühlte Laufzeit der Lindenstraße. Es wird schon sehr bald Menschenfamilien geben, die ungefähr genauso lange vor der Glotze rumlümmeln, dabei fernsehen und Kartoffelchips mampfen. Wie wird die Evolution deren Design zweckoptimieren? Sesselförmige Hinterteile? Für Fernbedienungsknöpfe opitimierte Finger? Eckige Augen?

Die Bufos sind jetzt jedenfalls noch bedrohlicher als zuvor. Jene Tiere, die als Fressfeinde eigentlich in Frage kämen, also Raubvögel, Schlangen, Dingos und Konsorten, stellten sich bisher leider ziemlich trottelig an. In tierisch-einfältiger Unkenntnis vom Nutzen eines Prägustators, wie er zum Beispiel an römischen Kaiserhöfen erfolgreich eingesetzt wurde, um Giftattentate zu vereiteln, verschlucken die Möchtegern-Jäger unverdrossen die giftigen Kröten-Klopse. Seit Ankunft der Agas sterben die tumben Fleischfresser wie die Fliegen. Bis jetzt.

Vor einiger Zeit haben Biologen festgestellt: die Krötenfeinde sind doch lernfähig. Auf uns mag es zwar eher wie eine ausgeprägte Lernschwäche wirken, wenn eine Spezies geschlagene 70 Jahre braucht, um zu begreifen, dass man nun wirklich nicht jede Kröte schlucken kann. Aber die Natur braucht dafür nun mal länger. Jetzt endlich haben einige Vogelarten gelernt, wie man der Warzenkröte zu Leibe rücken kann. Mit dem Mut eines japanischen Fugu-Gourmets lassen sich zum Beispiel Schwarzmilane nur

Schöne Idee

bestimmte Teile schmecken. Sie töten Agas, drehen sie dann wie einen Rollmops herum und picken dabei nur die weniger giftigen Teile an, normalerweise sind das Bauch, Beine und Po – die bekannten Problemzonen also.

Genauso bedrohlich für Bufo sind aber die Kunststücke der Grünen Baumschlange und der Rotbäuchigen Schwarzotter*: Beide haben sich in weniger als 20 Generationen kleinere Köpfe und längere Körper zurechtgemendelt. Sie können jetzt nur noch kleine, junge Agas fressen, die nicht ganz so giftig sind, und verdauen die Krötenhappen in ihren längeren Leibern leichter. Im Moment haben die Jäger im Wettlauf der Arten also die Nase vorn. Irgendwann ist es immer so weit – die Evolution frisst ihre Kinder. Und gebiert neue.

Quelle: *Der Spiegel*, 27.01.2005

Die gebärfreudigen Aga-Kröten vermehren sich dennoch bisher so ungehemmt, dass manchmal Straßen gesperrt werden müssen, weil sie dicht an dicht über den Asphalt hoppeln. Auf den noch passierbaren Strecken habe ich schon wohlmeinende Einheimische Schlangenlinien fahren sehen – um möglichst viele von den Viechern zu erwischen. Auch weniger grausame Verkehrsteilnehmer treten für *Bufo marinus* kaum auf die Bremse. Dementsprechend zahlreich sind die Kadaver am Wegesrand. Zunächst von eher breiiger Konsistenz, trocknen die plattgefahrenen

Schön blöd:
Gott erschafft
die Aga-Kröte.

Auto-Opfer im sonnigen Australien schnell zu festen, reliefartigen Kröten-Mumien aus. In immer anderen Verrenkungen liegen sie dann am Straßenrand, beredte Zeugnisse menschlicher Mordlust – und Inspiration für Gavin Ryan.

Der sammelt die mumifizierten Warzenträger ein, reinigt die Kadaver ein bisschen und klebt sie auf Leinwände. Dann kommt noch Farbe drauf, und plötzlich erscheinen die Tiere in völlig neuen Rollen: Als Gott und Adam in einer Replik von Michelangelos «Erschaffung Adams», als «Elvis», als «Balletttänzerin» und (kann das Zufall sein?) als Tennisspieler! Damian Hirst machte (lutschte er Agas?) mit in Formaldehyd eingelegten Kuhköpfen einst Karriere in der Kunstszene. Warum sollte Gavin mit seinen Klebe-Kröten nicht ein ähnliches Kunststück gelingen? Ich glaube an ihn! Immerhin hat er schon ein paar Ausstellungen im In- und Ausland zustande gebracht. Für einen Surfer-Typen aus Horseshoe Bay auf Magnetic Island* sehr beachtlich.

Magnetic Island heißt «Magnetische Insel», weil der Kompass von Australien-Entdecker James Cook bei der Vorbeifahrt verrückt spielte. Spätere Untersuchungen konnten keinen besonderen Magnetismus nachweisen.

Gavin beschreibt mir seine Arbeitsweise so: «Erst überlege ich, was ich sagen will, dann suche ich die Kadaver, deren Form sich für diese Aussage am besten eignet, dann ordne ich die Kröten auf der Leinwand an, und den Rest erledige ich mit dem Pinsel.» Aha.

In Gavins Kloschüssel, oben unter dem Rand, der anderswo der WC-Ente vorbehalten ist, leben übrigens zwei grüne Frösche, die quaken, wenn man Pipi macht. Ein zumindest für Sitzpinkler gewöhnungsbedürftiges Naturerlebnis. Gavin jedenfalls scheint die Amphibien, die sich bei Betätigung der Spülung stets rechtzeitig wieder unter dem Rand verkriechen, wirklich zu mögen, denn seit sie da sind, benutzt er keine WC-Reiniger mehr und ist stolz auf das Feuchtbiotop in seiner Toilette.

Als ich die Klofrösche neugierig aus dem Becken pule, steht Gavin hinter mir und nutzt den intimen Moment für ein Künstler-Geständnis: «Weißt du, warum die Leute meine Bilder mögen?», fragt er ein wenig traurig, «weil die Kröten darauf tot sind! Nur deshalb!» Bitter für Gavin. Aber noch bitterer für Zuckerkröten. Keiner liebt sie.

Seemanns Braut ist die See(-Kuh)

Kuschelmonster mit Glasknochen und chronischer Flatulenz: Manatis

Gefährlich: heulende Sirenen

Ob Christoph Kolumbus jemals eine Meerjungfrau geküsst hat? Schließlich war er es, der endgültig bewies: Meerjungfrauen gibt es wirklich. Seit Homer in seiner Odyssee von Sirenen berichtet hatte, deren betörender Gesang Seefahrer zu gefährlichen Kursänderungen verführt, tauchten immer wieder Berichte über die fabelhaften Wesen auf, die untenrum fischig und obenrum nackt (und menschlich!) aussehen würden. In Homers Dichtung kann nur der pfiffige Odysseus das letale Liedgut der Nixen unbeschadet genießen – an den Mast gebunden, damit er den Sirenen nicht folgen kann. Seinen Männern hatte er zuvor Wachs in die Ohren geträufelt.

Wahre Schönheiten mit wallendem Haar, wogendem Busen und wedelnder Fluke* – so stellten sich Seeleute über Jahrhunderte die verführerischen Wasserwesen vor. Ein Traum, den ganz sicher auch Kolumbus' Mannen träumten, denn die Besatzung einer spanischen Karavelle im 15. Jahrhundert darf man sich durchaus als extrem virile Sozietät vorstellen, in der viel über das geredet wurde, was man an Bord nun mal nicht machen konnte. Endlose Wochen und Monate im seemännischen Zwangszölibat. Eigentlich hätte also die Entdeckung der Meerjungfrauen genug Testosteron in die Hirne der isolierten Iberer pumpen müssen, um freiwillig Kurs aufs nächste Riff zu nehmen. Doch in Kolumbus' Logbuch

*Fluken: Schwanzflossen der Meeressäugetiere, die im Gegensatz zu den Flossen der Fische horizontal zum Körper stehen.

von 1493 findet sich statt hormongeschwängerter Romantik nur die abtörnende Bemerkung: «An der Küste von Hispaniola sah ich drei Sirenen; aber sie waren längst nicht so schön wie die des alten Horaz.»* Schade.

Hinter all den Mythen und Legenden von männermordenden Nixen, trällernden Sirenen und vollbusigen Meerjungfrauen steckt wahrscheinlich ein dicker Vegetarier: die Seekuh*. Homer griff für seine Superhelden-Story wohl auf Berichte aus dem Roten Meer zurück, wo Seekühe lebten. Und Kolumbus beobachtete nichts anderes als den Karibischen Manati, der in der Tat recht wenig Ähnlichkeit mit den antiken Sexbomben à la Horaz hat.

Seekühe, zu denen drei Manati-Arten und die Dugongs* gehören, werden bis zu sechs Meter lang und eine Tonne schwer. Nicht gerade Model-Maße. Mit der berühmten Statue der kleinen Meerjungfrau in der Hafeneinfahrt von Kopenhagen oder Walt Disneys «Arielle» haben sie also wenig bis keine Ähnlichkeit. Ehrlich gesagt gleichen sie viel mehr gigantischen Presswürsten, changierend von Schmutzigweiß bis Dunkelgrau. Ihre Verwandtschaft auf dem Land ist genauso dick wie sie, allerdings haben Seekühe, anders als ihre Vettern, die Elefanten, keine langen Greifrüssel. Wenigstens das blieb ihnen also erspart.

Manatis suchen mit einer wabblig-kurzen Schnauze im flachen Wasser nach Futter. In der Karibik durchwühlen sie Seegras-Felder, um an die kohlenhydratreichen Wurzeln zu kommen. Bei der Nahrungsbeschaffung gleichen sie also einer tauchenden Sau auf Trüffelsuche – der wenig schmeichelhafte Nebenname der Nixen lautet deshalb auch Wasserschwein. Es sieht wirklich ulkig aus, wenn Manatis* auf ihren Vorderflossen halb hüpfend, halb schwebend, über die Felder treiben und dabei mit ihren Hubba-Bubba-Schnauzen den Boden absaugen.

Sirenen leben ausschließlich im Wasser. Anders als bei

Horaz, eigentlich Quintus Horatius Flaccus (65–8 v. Chr.), römischer Dichter.

Gewohnt unwissenschaftlich und nicht ganz korrekt verwende ich die Namen Seekuh, Manati, Nixe und Meerjungfrau der Einfachheit halber synonym.

Zur Ordnung der Seekühe gehören die drei Manati-Arten Flussmanati Amazoniens, Westafrikanischer Manati, Karibischer Nagelmanati sowie der Dugong, der auch Gabelschwanzseekuh genannt wird.

Alle nachfolgenden Beschreibungen beziehen sich auf den Nagelmanati in Florida.

tote Gorillas in einem einzigen Schutzgebiet durch den Ebola-Virus

Mager-Models sind out. Big is beautiful!

den ähnlich korpulenten Walrossen oder den grazileren Seehunden sind ihre Gliedmaßen zu reinen Schwimmflossen verkümmert und nicht mehr stark genug, um damit mal an Land zu robben. Im Gegensatz zu allen anderen Meeressäugern, viele davon wendige Highspeed-Jäger, sind die Manatis gemütliche Pflanzenfresser. Wie die echten Rindviecher an Land bummeln sie tagein, tagaus übers Gras und stopfen sich voll: mit bis zu 50 Kilogramm Grünzeug täglich.

Das macht sie zu wirklich nützlichen Zeitgenossen, denn ihrem Appetit ist es zu verdanken, dass die Wasserflächen nicht zuwuchern und dann aufwendig, teuer und unweltschädlich mit schweren Maschinen freigeputzt werden müssen. Leider ist Gras nicht nur nährstoffarm, sondern außerdem schwer verdaulich. Landkühe lösen dieses Problem, indem sie wiederkäuen. Seekühe haben eine andere Methode: Um ihrer zähen Kost auch noch das letzte kleine Nährstoff-Bisschen zu entziehen, haben sich Manatis einen extra langen Darm zugelegt. Bis zu 30 Meter kann der messen – der menschliche Verdauungstrakt bringt es höchstens auf acht. Schon auf diesen acht Metern, das weiß ich nach anderthalb Reise-Jahrzehnten mit oft exotischer Ernährung, kann viel passieren. Wie muss es da erst den Manatis ergehen? Ein bis drei Tage dauert es bei den meisten Säugetieren, bis das vorn Hineingefüllte hinten wieder rauskommt. Bei Seekühen nimmt die Verdauung eine ganze Woche in Anspruch. Mindestens. Kein Wunder, dass sie beim Schwimmen oft eine lustige Blasenspur hinter sich herziehen. Manatis sehen also deshalb so kugelig-prall aus, weil unter ihrer Haut der Darm mäandert, bevor er endlich den Ausgang findet.

Manatis fühlen sich sowohl in Salz- als auch in Süßwasser wohl, sie können also zwischen Meer und Fluss pendeln. Die meisten großen Raubtiere wie zum Beispiel die Haie können das nicht. Vor denen sind die Dicken also schon mal sicher, außerdem schützen sie sich durch ihre schiere Größe. Nahrungskonkurrenten gibt es auch nicht besonders viele, da Seegras nicht gerade ein begehrtes Lebensmittel ist.

Optisch erinnern die Seekühe stark an osteuropäische Kugelstoßerinnen zu Zeiten des Kalten Krieges. Nur sind sie alles andere als Hochleistungssportler, im Gegenteil. Sie haben sich dafür entschieden, möglichst wenig zu tun, um möglichst wenig Energie zu verbrauchen. Täten sie das nicht, würden sie sterben. Sie bewegen sich deshalb nur so viel und so schnell wie unbedingt nötig und meiden nach Möglichkeit kaltes Wasser. Dort würde es zu viel Energie kosten, die Körpertemperatur konstant zu halten, denn eine isolierende Fettschicht fehlt den Sirenen weitgehend. Sie sind echte Frostbeulen, dünne Dicke, Moppel ohne Fett.

Deshalb wandern Seekühe in der kalten Jahreszeit eigentlich nach Süden. Ihr Verhalten ist durchaus vergleichbar mit dem betuchter Rentner aus Deutschland, die den Winter auf den Kanarischen Inseln verbringen, weil «die Gelenke dort nicht schmerzen». In den letzten Jahrzehnten haben sich aber über die Hälfte von Floridas Manatis den anstrengenden Schwimmweg gespart. Statt in warme Meere sind sie einfach in warmes Abwasser von Kraftwerken oder Papierfabriken geschwommen und haben dort die kühlen Monate verbracht.

In einem Ort, in Homosassa Springs, sind die Manatis allerdings nicht auf wärmendes Abwasser angewiesen. Es gibt dort nämlich Quellen, die von unten dem Crystal River zufließen. Diese Quellen sind konstant ungefähr 24 Grad warm, haben damit zu bestimmten Jahreszeiten also zwei, drei Grad mehr als das eigentliche Flusswasser. Dieser kleine Unterschied reicht aus, um die Seekühe nachts zu den Quellen zu locken. 10, 20 oder 30 Tiere kuscheln sich dort eng aneinander, in gerade ausgerichteten Reihen. Das Ganze sieht dann aus wie ein Unterwasserparkplatz für LKW. Bei Einbruch der Dunkelheit schieben sich die dicken Brummis nebeneinander, stehen schließlich still, wenig später hört man nur noch das Schnarchen der Fahrer und gelegentlich einen kräftigen Männerpups.

An einem dieser Seekuh-Parkplätze ging ich eines Morgens baden. Es war so gegen halb sechs. Bei Sonnenaufgang, so viel konnte ich sogar mit noch verquollenen Morgenmuffel-Augen erkennen, machte das Flussdelta bei Homosassa Springs einen auf kitschig. Vom warmen Wasser stieg der Nebel dicht und wabernd in die kalte Morgenluft, die aufgehende Sonne tauchte alles in ein weiches, rotes Licht, die Bäume waren nur schemenhaft am Ufer erkennbar, und gedämpft schallte der Ruf erwachender Vögel über den Fluss, der leise vor sich hin gurgelte. Ansonsten war es still, und ich wäre überhaupt nicht überrascht gewesen, wenn in dieser Märchenlandschaft plötzlich Avalon aus dem Dunst aufgetaucht und Merlin auf einem Kahn an mir vorbeigeglitten wäre, huldvoll grüßend, einen dampfenden Thermosbecher Zaubertrank in der Hand. Kurz gesagt: Es war der richtige Ort und die richtige Zeit für das Erscheinen eines Fabelwesens. Eine Meerjungfrau zum Beispiel.

Ich schlüpfte mit Maske und Schnorchel ins Wasser, und tatsächlich: Es dauerte nur einen Augenblick, bis eine von ihnen in Form eines mächtigen Manati-Fleischklopses lautlos heranglitt und mich sanft umarmte. Senkrecht im Wasser stehend drehten wir langsam Pirouetten, haarige Lippen berührten vorsichtig meine Wange.

Die dicken Taucher sind, Sie ahnen es, richtige Kuschelmonster. Auch außerhalb der Paarungszeit tauschen sie Liebkosungen aus, streicheln sich mit den vorderen Flossen und schmiegen die Körper aneinander. Bei der Paarung selbst umarmen sie sich richtig innig. Wer da nicht anthropomorphisiert*, hat keine Phantasie.

Die Manatis jedenfalls umsorgen auch ihre Babys aufopferungsvoll. Durch die seitliche Lage der Mutter-Zitzen und die daraus resultierende Körperhaltung der Jungtiere sieht es oft so aus, als wiege die Mama ihre Kleinen sanft in den Armen. Manchmal nimmt sie den etwas rosa schimmernden Nachwuchs auch huckepack und trägt ihn auf dem Nacken umher, langsam angetrieben von der gewaltigen Fluke. Vielleicht liegt der zärtliche Umgang mit den Kleinen ja auch daran, dass jede Seekuh nur alle drei Jahre nur ein einziges Junges auf die Welt bringt?

* Anthropomorphisieren ist das unwissenschaftliche «Vermenschlichen» von Tieren, das oft ganz dumm, manchmal aber auch herrlich ist.

Presswurst mit
Presswürstchen

Doch selbst die erwachsenen Tiere gehen sehr zärtlich miteinander um, es gibt keine Revierkämpfe und keine blutigen Beißereien (wie auch, ohne spitze Zähne?), nicht mal während der Brunst. Keine hektischen Bewegungen und keine Scheu. Ich fange an, Seekühe wirklich gernzuhaben. Aber wie nennt man eigentlich das männliche Tier? Seebulle? Seekuhbulle? Oder gar Seestier?

Neben mir schwimmt der Veterinärmediziner Roger Reep von der University of Florida in Gainesville, der seit Jahrzehnten die

Nagelmanatis Floridas erforscht. Offenbar hat der schmale Professor in den Fünfzigern in seiner langen Feldforscher-Karriere auch eine gewisse Resistenz gegen Kälte entwickelt, denn während ich in meinem Neoprenanzug bei fünf Grad Lufttemperatur ganz schön bibbere, schnorchelt er ganz entspannt in Shorts herum. Das Namensrätsel kann er trotzdem nicht auflösen, schließlich heißen die Tiere in seiner Sprache nur «Manatis», da gibt es das Problem nicht.

Vieles von dem, was wir heute über die Manatis wissen, hat Roger erforscht oder zumindest daran mitgewirkt. Oft sind es ja einzelne Wissenschaftler, deren Initiative und Passion uns neue Erkenntnisse über die Wildniss liefern. Roger Reep ist der Manati-Mann. Und er hat schlechte Nachrichten: Nur noch etwa 3000 Exemplare leben in den Flachgewässern Floridas, und die haben es hauptsächlich aus zwei Gründen schwer: Zum einen gibt es immer weniger Seegraswiesen, zum anderen rauschen immer mehr Freizeitkapitäne mit ihren Booten durch die Keys. Im Verbund mit der langsamen Reproduktion der Sirenen ist das eine gefährliche Kombination.

Ihr geruhsamer Way of Life hat den amerikanischen Seekühen lange einen evolutionären Vorteil verschafft, doch jetzt wird er ihnen zum Verhängnis: Sie können einfach nicht schnell genug ausweichen. Zwischen 1974 und 2004 starben offiziell 1164 Manatis, weil sie von Booten gerammt oder zerfetzt worden waren.

Bei einer ganzen Reihe der Tiere, die neben mir im anderthalb Meter tiefen Wasser liegen, entdecke ich dann auch spiralförmige Narben, einige davon sehr tief und über einen Meter lang – sie stammen von rotierenden Schiffsschrauben. Eine der Seekühe hat eine melonengroße Ausbuchtung an der Seite, Folge eines schlecht verheilten Rippenbruchs, wie mir Roger erklärt. Ich sehe kaum ein Tier ohne solche Verletzungen. Glücklicherweise haben die Sirenen erstaunliche Selbstheilungskräfte. «Man kann ihnen mit Schiffsschrauben ganze Stücke herausschneiden, ihnen schlimmste Verletzungen zufügen, die andere Säugetiere ganz sicher töten würden», wundert sich Roger. Schnittwunden sind also nicht das Problem.

Dass die Zahl der getöteten Manatis dennoch so hoch ist, hat einen erstaunlichen Grund: «Die Knochen der Riesen sind so zerbrechlich wie Porzellan», erklärt mir der Manati-Mann, während ich ein halbtonnenschweres Weibchen kraule, das mir ganz und gar nicht zerbrechlich vorkommt. «Es gibt keine Hohlräume für Knochenmark, die Knochensubstanz ist extrem dicht und splittert daher bei plötzlichen Belastungen besonders leicht. Mit einem Hohlraum, wie ihn andere Säugetiere in den Knochen haben, würde sich die Spannungsenergie besser verteilen und es gäbe weniger Brüche.» Und weniger tote Manatis. Leider hat die Evolution geschwindigkeitsgeile Sportbootfahrer weder verhindert noch antizipiert. So hat sie bauchige Giganten mit brüchigen Glasknochen entstehen lassen. Diese Rippen sind zwar ideale Tauchgewichte für die Dicken mit der Luft im Darm, an der Oberfläche aber lebensgefährlich. «Immerhin», muntert Roger mich auf, «ist der Bestand in Florida seit Jahren relativ stabil.»

Am Paarungswunsch mangelt es den Tieren jedenfalls nicht. Ist ein Weibchen willig, hängt sich gleich eine ganze Gruppe Männchen an ihren Schwanz. Und die Jungs sind fast so penetrant wie eine angetrunkene Männerclique, die der einzigen Frau in einer Bar auf die Nerven geht. Sie weichen nicht von ihrer Seite, vergessen sogar manchmal ihre andere Lieblingssache, das Fressen.

Wie Groupies einen Popstar umschwirren sie das arme Ding, mehrere Tage lang. Unterwegs reiben sie hin und wieder ihre Geschlechtsorgane aneinander, was auch nicht gerade dazu beiträgt, ihre sexuelle Anspannung zu entkrampfen. Irgendwann wird es Madame dann zu bunt, und sie erwählt einen Monsieur. Mein unwissenschaftlicher Verdacht: Sie tut das nur, um die anderen Trottel endlich loszuwerden.

Bibbernd zurück an Bord wärme ich mich mit einer heißen Schokolade, die Kapitän Sean, der Roger und mich zu den Manatis gebracht hat, für uns bereithält. Nach Jahren auf Seekuh-Exkursionen hat sich Seans Erscheinungsbild bedenklich dem der Manatis angenähert. In seinem Körper, der eines ausgewachsenen Bullen würdig wäre, steckt ein Gemüt, das so friedlich ist wie das seiner Lieblingstiere. Und ein blitzgescheiter Geist. Sean erzählt, dass Manatis nahende Stürme «fühlen» könnten und in sicheres Wasser flüchteten. Und tatsächlich, als 2005 der Hurrikan Wilma die Küste Floridas verwüstete, ist den Manatis fast nichts passiert. Ganz unmöglich ist es nicht, dass die Seekühe das dräuende Unwetter «erspüren» können, doch der Beweis dafür ist eine haarige Sache: Manatis schwimmen eigentlich nackt durchs Leben und die Karibik. Auffällig sind nur die Tasthaare an der Schnauze. Sie dienen den kurzsichtigen Moppeln als Orientierungshilfe, zusätzliches Sinnesorgan und Greifwerkzeug. Die Schnauze ist so beweglich, dass die steifen Haare bei entsprechender Hautverformung wie kleine Gummiforken funktionieren und Grünzeug ins Maul schaufeln. Fressen mit dem Bart – das konnte nicht mal Kaiser Wilhelm.

An Kaisers Barthaarwurzeln lagen jeweils etwa fünf bis zehn Nervenfasern, bei Nixen sind es aber 20 bis 50.* Damit kann Manati mehr als nur tasten. Das Haar ist an seiner Wurzel mit sogenannten Axonen verbunden, bis zu einem Meter langen Fortsätzen von Nervenzellen. Die Schwingungen des Haares werden in elektrische Impulse umgewandelt und dann von den Axonen ans zentrale Nervensystem weiter-

Quelle: Seaworld Animal Information Database

geleitet. In der Hirnrinde gibt es dann für jedes einzelne Haar eine Gruppe Zellen, die nichts anderes tut, als die Informationen dieses speziellen Haares zu verarbeiten. Was hätte Kojak wohl dazu gesagt? Wahrscheinlich etwas Gehässiges, denn das Denkorgan der Seekühe ist nicht gerade groß, und die vielen Daten von den Härchen treiben es wahrscheinlich schon an den Rand seiner Leistungsfähigkeit.

Rätselhaft ist besonders der Körperbewuchs. Eigentlich sind die Tiere wie gesagt nackt, aber bei genauem Hinsehen erkennt man, dass aus dem dicken Leib alle paar Zentimeter ein einzelnes Haar ragt, gleichmäßig verteilt über den ganzen prallen Körper. Roger hat die Haare gezählt und ist auf etwa 3 000 gekommen. Er nimmt an, es könne sich um ein Sensorsystem handeln, denn auch an den Wurzeln der Körperhaare liegen die Nervenfasern ähnlich dicht wie an den Tasthaaren an der Schnauze. Mit diesen Nervenzellen können die Manatis Strömungen, Oberflächenverwirbelungen, Hindernisse und andere

Tiere erkennen. Und vielleicht auch für uns nicht spürbare Wasserschwingungen und Druckschwankungen registrieren, die auf einen Sturm hindeuten. Falls das stimmt, «wussten» die feinfühligen Fetten, dass Hurrikan Wilma kommt, und brachten sich in

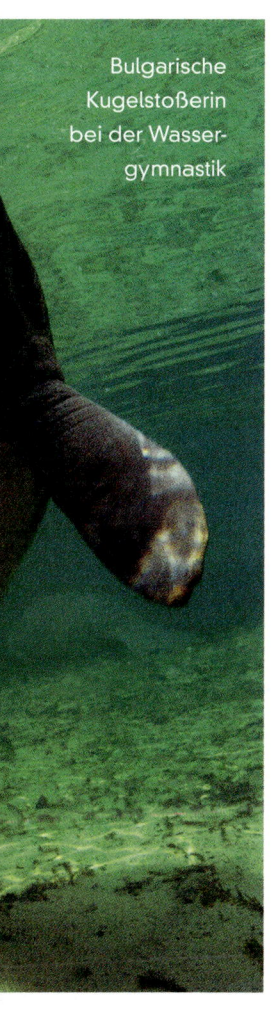

Sicherheit. Das wäre sensationell und würde eine andere Tierart von der Karriereleiter stoßen: Quakende Wetterfrösche müssten Platz machen für grunzende Seekühe.

Sean fährt uns zurück nach Homosassa Springs, einem Örtchen, das vom Manati-Tourismus lebt. Es gibt hier rustikale Restaurants, in denen das Burgerfett auf Papier-Platzdeckchen mit George-W.-Bush-Zitaten tropft. Vor der Tür parken absurd große Pick-ups mit «Support Our Troops»-Aufklebern. Nicht gerade das Umfeld, in dem sich normalerweise Naturschützer tummeln. Doch in Homosassa Springs passen republikanische und ökologische Gedanken offenbar in dieselben Köpfe. Fast jeder hier mag Manatis.

Das ist erfreulich, wenn man bedenkt, wie es der einzigen Sirene in kälteren Meeresregionen erging. Die Steller'sche* Seekuh wurde 1741 entdeckt und war bereits 27 Jahre später ausgerottet. Ihr zutrauliches Wesen machte den Jägern die Arbeit leicht.

Benannt nach Georg Wilhelm Steller, der sie auf der Beringinsel im Nordpazifik entdeckte.

In Amazonien und an anderen Orten der Welt werden Seekühe immer noch erlegt, um Fleisch, bis zu 25 Liter Tran pro Tier und Zutaten für obskure asiatische Aphrodisiaka zu gewinnen oder aus ihren Knochen Holzkohle zu machen. Die meisten jedoch sterben nach Kollisionen mit Booten, ertrinken in Fischernetzen, leiden unter verschmutztem Wasser oder verlieren ihren Lebensraum. Der ganzen Gattung droht die Ausrottung.

Wovon sollen die Seefahrer dann träumen? Ohne Meerjungfrauen wäre es wirklich einsam, da draußen auf dem Meer.

Wer Tigerhaien
am Schwanz
zieht, darf sich
nachher nicht
beschweren

Er will doch nur spielen
Zahnfees Liebling hat den siebten Sinn:
der Hai

Im Juli 1997 attackierte ein Hai die Engländerin Liz Currie. Nur wenige Menschen wissen, dass diese gefürchteten Raubfische auch vor Europas Küsten herumschwimmen. In britischen Gewässern filtern zum Beispiel die gewaltigen, bis zu zehn Meter langen Riesenhaie knapp unter der Oberfläche Plankton aus dem Meer. Etwas tiefer jagt der schnelle Lachshai, ein enger Verwandter des Großen Weißen – und sogar der ist Europäer, wird hin und wieder im Mittelmeer gesichtet. Man könnte also meinen, Liz hätte Glück gehabt, denn sie kam leicht verletzt davon.

Andererseits hatte sie ausgesprochenes Pech, da sich der Angriff an einem gemeinhin als absolut haisicher geltenden Ort ereignete: Am Tresen einer Kneipe namens «Wheatsheaf Pub» in Bough Beech bei Edenbridge in der Grafschaft Kent – etliche Meilen von der Küste entfernt. Liz war gerade dabei, eines dieser schrecklichen englischen Biere zu zapfen, als sie von einem Hai attackiert wurde, der seit ungefähr 1820 harmlos, verhaltensunauffällig und ausgestopft an der Wand hing. Doch nicht einmal die vielen Jahre im Jenseits konnten die Mordlust dieses Tieres bremsen: Als die Wirtin zum Glas griff, fiel das Haimaul von der Wand und fügte ihr erhebliche Schnittverletzungen zu.* Außerhalb von England gibt

Quelle: «Shark Attacks», Alex MacCormick und die «Daily Mail» vom 29.07.1997.

es zahllose Biertrinker, die darin eine gerechte Strafe für die Herstellung und Verabreichung lauwarmen englischen Bitters sehen mögen – ich finde aber, wir sollten die Haie da nicht mit reinziehen, schließlich trinken sie weder englisches noch richtiges Bier.

In einem durchschnittlichen Jahr töten, so eine Auswertung der International Shark Attack Files* (ISAF), Haie weltweit sechs Menschen. Das ist angesichts von über sechs Milliarden Menschen eine wirklich mikroskopisch kleine Zahl. 150 Personen sterben im gleichen Zeitraum durch herabfallende Kokosnüsse*, 791 durch defekte Toaster und 652 durch Stühle*, ohne dass wir vor diesen offenbar viel gefährlicheren Dingen panische Angst entwickeln würden.

Die Wahrscheinlichkeit, im Darm eines Menschenfresser-Hais zu Nährstoffbrei verarbeitet zu werden, entspricht ungefähr jener, als Astronaut bei Außenarbeiten an der Internationalen Raumstation von einer fliegenden Untertasse über den Haufen gefahren zu werden, die von einem besoffenen Marsmännchen in Schlangenlinien über die Milchstraße gelenkt wird. In Zahlen ausgedrückt: Der Marsmännchen-Unfall hat eine Wahrscheinlichkeit von 0, die Hai-Attacke von 0,000000001. Das macht ja wohl kaum einen Unterschied, oder?

John Paul Andrew hätte es fast auf die neunte Stelle hinterm Komma geschafft. Er ist 19 und lebt in Constantia, einem Vorort von Kapstadt in Südafrika. Alle nennen ihn nur J. P. Der Strand von Muizenberg ist sein bevorzugtes Surfrevier. Ganz cool steht J. P. im Sand, prüft mit Kennerblick die Höhe der Wogen und sucht die «breakline», auf der er eine Welle fangen und reiten kann. Er lässt dabei einen kleinen Plastikbeutel mit krümeligem Inhalt in seiner rechten Hand auf- und abhüpfen. Auf dem Etikett des Beutels steht: «Bein von J. P. Andrews. Krematorium Kapstadt.» Er hat die Asche seines Beins selbst abgeholt, vor drei Jahren, kurz nach seinem dreifachen Tod.

«Ja, ähh, wie war das, damals. Der Weiße Hai hat zuerst von un-

Geführt am Florida Museum for Natural History unter Leitung von George Burgess.

Quelle: *NZZ Folio* 01/2003

Quelle für Toaster und Stühle: «Save Our Seas», Südafrika

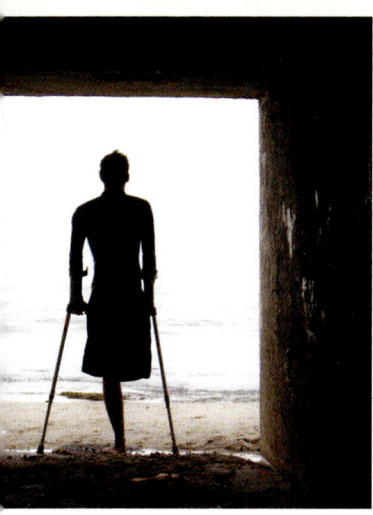 

ten mein Board gerammt. Glaub' ich. Äääh. Ich meine, ich kann mich schon noch erinnern. Ein bisschen jedenfalls. Und na ja, dann ist der Große Weiße wohl ein zweites Mal gekommen. Glaube ich. Aber da setzt meine Erinnerung aus. Cool, oder?»

J. P. kennt seine eigene Geschichte nur aus Erzählungen. Sein Surfbrett haben die Sägezähne des Hais locker durchtrennt, seinen Neoprenanzug und sein rechtes Bein auch, kurz oberhalb des Knies. Andere Surfer haben ihn rausgezogen. 45 Minuten lang stand sein Herz still, J. P. lag tot am Strand. «Ich hätte keinen Cent darauf gesetzt, dass wir den noch zurückholen», erzählt mir der Rettungssanitäter, der damals als Erster vor Ort war, und fügt südafrikanisch-trocken hinzu: «I expected him to be veggie» – er hätte gedacht, selbst wenn eine Wiederbelebung gelänge, müsse J. P. danach so blöd sein wie ein Stück Gemüse. Eine berechtigte Befürchtung, denn «er hatte ja praktisch kein Blut mehr, sein Zahnfleisch war schon ganz weiß». Versucht haben sie die Reanimation trotzdem, hauptsächlich, weil es nun mal Vorschrift ist – und außerdem kann man ja nie wissen. Ans Krankenhaus hatte die Rettungswagenmannschaft bereits gefunkt, man komme mit einem

Ausgehungerte Models machen nicht alle Fotografen froh.

«dead body», einer Leiche. Doch J. P. blieb nicht im Jenseits. Sein Herz begann wieder zu schlagen. Danach setzte es zwar noch zwei weitere Male aus, aber nur für kurze Zeit. «Echt cool, eigentlich hätte ich nach all dem Blutverlust, dem dreimaligen Herzstillstand und dem Koma wirklich eine Macke haben müssen.» Hat er aber nicht, kein Hirnschaden. J. P. macht jetzt die Schule fertig und wird danach vielleicht studieren. Bock hat er zwar nicht, aber irgendwas muss man ja machen.

In Kapstadt und Umgebung ist er eine lokale Berühmtheit, die

Leute nennen ihn den «miracle boy». Inzwischen surft er sogar wieder, ziemlich genau an dem Strand, an dem der Hai ihn damals erwischt hat. Mit einem Bodyboard unterm Arm balanciert er mühsam über den Sand, schmeißt das Brett ins Wasser und sich selbst hinterher. Auf einem richtigen Surfbrett kann er nicht mehr stehen. Jetzt also ein Bodyboard, auf dem er liegend Wellen reitet. «Mein Leben hat sich durch den Unfall zwar verändert, aber ich bin immer noch ich und mache fast die gleichen Sachen wie vorher. Haie finde ich cool. Bin nicht sauer. Schließlich war ich in ihrem Lebensraum, nicht sie in meinem.»

Meistens passiert nichts, wenn Menschen sich ins Habitat der Haie wagen. Manchmal, sehr selten, aber doch. Warum? Diese Frage habe ich auf der ganzen Welt Haiopfern, -forschern und -schützern gestellt. Einer der am weitesten verbreiteten Erklärungsversuche ist, dass Surfer von unten aussehen wie Robben. Ich frage mich aber, ob eine Spezies, die nach Millionen Jahren auf der Jagd zu blöd ist, ein Kunststoffbrett von einem Seehund zu unterscheiden, bis jetzt wirklich so erfolgreich hätte sein können, wie es die Großen Weißen sind.

Die Antwort ist wohl viel komplizierter: Fressen wollen Haie uns offenbar nicht, viele Opfer werden zwar gebissen, aber nicht geschluckt. Auch J. P.s Bein dümpelte ein paar Tage nach der Attacke wieder im Wasser. Von dem offenbar geschmacklich anspruchsvollen Tier ausgespuckt, trieb es ans Ufer, erschreckte einen ahnungslosen Strandbesucher und wanderte dann über eine

Polizeistation und das Krematorium zurück zu J. P., direkt in seine Plastiktüte.

«Wahrscheinlich bloß ein Testbiss», kommentiert Meeresbiologe Ryan Johnson J. P.s ambulante Amputation. Ryan studiert vor Gansbai in der weltberühmten «Shark-Alley» seit Jahren die Great Whites. Seine Vermutung klingt zumindest plausibler als die Idee mit der Robben-Verwechslung. «Haie haben keine Finger, mit denen sie Unbekanntes abtasten und erkunden könnten, dafür ist der Gaumen sehr empfindlich, voller Tastnerven. Sind sie neugierig und wollen etwas Unbekanntes erforschen, dann tun sie das mit ihrem Maul, mit einem sogenannten Gaumenbiss.» Im Grunde wollen sie also nur spielen. Blöd nur, wenn der Spielkamerad ein Maul voller rasiermesserscharfer Sägezähne hat. Dann reicht schon ein bisschen freundlich-neugieriges Herumtollen, um Arme und Beine fein säuberlich vom Rumpf zu trennen.

Wäre ich ein Hai, würde ich nie wieder vergeblich meine Autoschlüssel, mein Portemonnaie, mein Handy oder meine Schuhe suchen. Haie haben nämlich nicht nur fünf Sinne, so wie Sie und ich, sondern deren sieben. Sie können sehen, riechen, hören, schmecken, tasten und darüber hinaus noch Wasserbewegungen und elektromagnetische Felder erspüren. Besonders Letzteres ist zum Handy-Finden natürlich geradezu ideal!

Was aber hat es mit diesen zusätzlichen Sinnen auf sich? Mit Hilfe von sogenannten Laterallinien nehmen viele aquatile Tiere Druck- und Strömungsveränderungen im Wasser wahr. So können sie spüren, wenn ein leckerer Beutefisch irgendwo verdächtig mit der Flosse schlägt. Denn entlang dieser Seitenlinien, die wie coole Rallyestreifen vom Kopf in Richtung Schwanz verlaufen, liegen hunderte oder sogar tausende winzige Kanäle, die mit Gallert gefüllt sind und unter die Haut gehen. Das Gallert überträgt Druckveränderungen auf Nervenzellen am tiefen Ende der Kanäle, die dann die Infos ans Hirn weiterleiten.

Verletzte Fische, die hilflos zappeln, produzieren mit ihren Bewegungen besonders appetitanregende Druckwellen im Wasser

– der Hai kann dann ganz gezielt auf Unterwasserpirsch gehen. Das funktioniert über eine Distanz von bis zu 250 Metern*, jedenfalls unter Laborbedingungen.

Quelle: Richard Ellis, Great White Shark

Dank eines siebten Sinns kann ein Hai auch elektromagnetische Felder spüren. Dabei helfen ihm die sogenannten Lorenzini'schen Ampullen*, die so ähnlich aussehen wie die kleinen schwarzen Mitesser, die auf vielen Männernasen sitzen. Eklig. Sie können sich die Funktionsweise dieser Ampullen so ähnlich vorstellen wie die der Metalldetektoren, die von älteren Herren gerne über Badestrände geschwenkt werden, um Münzen, Schmuckstücke und andere Wertsachen aufzuspüren. Im Kopfhörer der Hobbyschatzsucher piept es, wenn das elektromagnetische Feld am unteren Ende des Gerätes von Metallteilen im Sand abgelenkt wird. Bei Haien piept es auch, wenn sie solche Signale empfangen – allerdings nur im übertragenen Sinne.

Lorenzini war ein italienischer Arzt, der die Ampullen schon 1678 an Rochen entdeckte, allerdings keine Ahnung hatte, wozu sie gut sind.

Da Haie keine Münzen sammeln, sondern Beute aus Fleisch und Blut wollen, muss ihr Spezialsinn etwas mit der Jagd zu tun haben: Jedes Tier produziert elektromagnetische Felder. Immer. Und das gilt auch für Sie: Egal, ob Sie den kleinen Finger abspreizen, eine kluge Idee durch ihr Hirn saust, der große Zeh wackelt, der Magen knurrt, wenn Sie lachen, blinzeln oder auch nur faul rumstehen – immer rasen dabei kleine elektrische Impulse durch Ihren Körper, die lebenswichtige Funktionen wie den Herzschlag steuern. Deshalb ist es auch sinnlos, sich angesichts eines Tigerhais am Meeresboden im Sand einzugraben und die Luft anzuhalten, denn der Tauchtiger könnte Sie, wenn er denn wollte, trotzdem aufstöbern. Die Empfindlichkeit seiner Lorenzini'schen Ampullen ist enorm, noch 0,01 Mikrovolt sind für ihn spürbar.

Steve Kajiura von der Florida Atlantic University erforscht genau diesen Sinn der Haie. Er sitzt dazu auf einem kleinen Boot in einer Bucht auf der Bahamas-Insel Bimini, in Sichtweite des «Shark Lab.» Diese schäbige Holzhütte genießt bei Haiforschern ungefähr den gleichen Status wie der Petersdom bei Katholiken.

Man könnte fast sagen, die Haiforschung wohnt hier, denn seit einem runden Vierteljahrhundert ist dies weltweit der Top-Platz für Feldforschung mit den gefürchteten Knorpelfischen. Die Doktoranden und Studenten leben in winzigen Zimmern mit winzigen Etagenbetten, es gibt keine Privatsphäre und übertriebene Körperhygiene ebenso wenig. Über den

Guter Vorsatz und schlechtes Beispiel: Viele Haie sind bedroht.

Anlegesteg watschelt ein bissiger Pelikan, im Gemeinschaftsraum stinken Würgeschlangen, in der Küche kochen Studenten Nudeln wabbelweich, draußen kläfft ein geretteter Hund ohne Ohren, und überall sind Sandfliegen. Ein Biotop für Biologen.

Steve war natürlich schon oft hier. Gerade beobachtet er Zitronenhaie, die in der flachen Bucht in einer Art Wassergehege herumdüsen. «Wir untersuchen die Sensorik der Haie, insbesondere ihre visuellen, auditiven, olfaktorischen und elektromagnetischen Wahrnehmungsfähigkeiten», erzählt Steve. Auf dem sandigen Boden hat er dafür eine knapp einen Meter lange Plastikplatte platziert. Aus einem Loch auf der linken Seite der Platte steigt Fischblut mit Bröckchen auf, eigentlich unwiderstehlich lecker für die gelblich schimmernden Zitronenhaie. Eigentlich. Doch jedes Mal, wenn sich ein Tier der schmackhaften Nahrungsbrühe nähert, drückt Steve auf einen Knopf, von dem aus Kabel ins Wasser führen. Das veranlasst die Haie dazu, im letzten Moment abzudrehen und auf der anderen Seite der Kunststoffplatte ins Leere zu beißen. Ein Verhalten, das die angeblich so präzisen Killermaschinen ziemlich tollpatschig aussehen lässt.

Die Erklärung: Wenn Steve drückt, erzeugen eine Batterie und zwei Elektroden ein elektrisches Feld über der rechten Seite der Plastikvorrichtung, das für Haie offensichtlich noch verlockender ist als duftendes Fischblut. Letztlich scheinen also die Lorenzinischen Ampullen tatsächlich dafür verantwortlich zu sein, wohin der Hai beißt – nämlich dahin, wo normalerweise Muskeln zappeln und dabei elektrische Felder aussenden.

Dennoch hält sich hartnäckig die Mär, Blut allein würde Haie zum wilden Herumbeißen animieren. Es gibt sogar Tauchschulen, die auf Grund dieses Irrglaubens ihre weiblichen Gäste vor dem Badespaß schriftlich befragen, ob sie gerade menstruieren. Eine Frage, die zwar nicht die Sicherheit des Tauchganges hebt, dafür aber Urlauberinnen peinliche Momente beschert. Der «feeding frenzy», der Fresswahn also, gehört größtenteils ins Reich der Legenden. Blut riechen können Haie zwar wirklich gut. Theoretisch erschnuppern sie einen Blutstropfen in 20 Millionen Liter Wasser* – wenn Strömung, Wellengang, Schwimmrichtung und was weiß ich noch alles glücklich zusammenwirken. Außerdem haben Haie gute Augen, einen Tastsinn, ein feines Gehör (Platschen lockt Haie eher an, als dass es sie vertreibt), die Seitenlinien und das eingebaute Voltmeter.

Vielleicht ist also eine Reiz-Kaskade nötig, um Haie zum Angreifen zu bewegen: Mehrere Sinne müssen nacheinander angesprochen werden, damit der Hai am Ende wirklich zuschnappt. So könnte es sein: Ein verletzter Fisch blutet. Den Blutgeruch nimmt

*Schätzung von Steves Forschungsteam

ein Hai in relativ großer Entfernung wahr und schwimmt näher. Dann hat der Raubfisch Sichtkontakt, sieht das hilflos zappelnde Beutetier und wagt sich weiter heran. Er hört. Tiefe Frequenzen, so um die 600 Hertz, machen ihn besonders an, denn auf dieser Wellenlänge grunzen Seehunde, zappeln Fische, singen Wale. Die unnatürlichen Bewegungen des verletzten Fisches erzeugen außerdem Druckwellen, die dem Jäger, wäre er nicht sowieso im Wasser, dasselbe im Maul zusammenlaufen ließen. Er entschließt sich zum Angriff, kommt ganz nah, Augen zu*, Mund auf: Die Lorenzini'schen Ampullen leiten ihn magnetisch die letzten Zentimeter zum Ziel – und dann schnapp! So könnte es sein. Oder auch ganz anders, je nachdem, welche der ungefähr 400 Haiarten man gerade betrachtet, welchem Wissenschaftler man glaubt und was morgen an neuen Erkenntnissen bekannt wird.

Tatsächlich schließen viele Haie die Augen, kurz bevor sie zubeißen, mit ihrer transparenten Nickhaut, um sich vor Verletzungen zu schützen.

Redet man über Haie, denken die allermeisten von uns ganz automatisch an die wenigen großen Jäger. An den Großen Weißen, den Tiger-, den Bullenhai. Vielleicht auch noch an die Sandtiger- oder Hammerhaie. Diese wenigen Arten prägen unglücklicherweise das Image aller *Neoselachii*, also der modernen Haie. Dabei haben die Angehörigen der weit verzweigten Sippe manchmal weniger Gemeinsamkeiten als Heino mit Ozzy Osbourne – und die sind immerhin nicht nur Artgenossen, sondern beide alte Musiker mit dunklen Sonnenbrillen und Gitarre.

Haie gibt es seit etwa 400 Millionen Jahren, sie schwammen schon umher, als es noch nicht mal Dinos gab. Unter ihnen finden sich ganz kleine wie der 20-Zentimeter-Zwerghai und ganz große wie der bis zu 12 Meter lange und 20 Tonnen schwere Walhai. Letzterer frisst nur Plankton, ist also noch nicht mal ein Raubfisch. Andere pflegen geradezu bizarre Lebensgewohnheiten. Mein Liebling, der Keksausstecherhai, hat nicht nur einen kuriosen Namen, sondern auch entsprechende Ernährungsgewohnheiten. Sein Ober- und Unterkiefer sehen nicht mal annähernd so aus, als passten sie in ein gemeinsames Maul. Tun sie aber. Mit den hakenförmigen Dingern im Oberkiefer pikt der 50-Zentimeter-Dreistling mit unglaublicher Chuzpe Wale und richtig große Fische, dann dreht er sich blitzschnell im Kreis und schneidet dabei mit seinen glatten, scharfen Unterkieferzähnen keksförmige Stückchen aus deren Haut. Danach flitscht er davon, so ängstlich und eilig wie ich, wenn ich als Sechsjähriger Mamas Weihnachtsplätzchen vom Blech stibitzt hatte und sie mit dem Holzlöffel drohte.

Steve Kajiura ist im Gegensatz zu vielen seiner männlichen Haiforscher-Kollegen, die gerne als wilde Kerle mit ihren Forschungsobjekten posieren, ein bescheiden auftretender Mann. Kompetent, freundlich, aufgeschlossen. Seine Assistentinnen Mikki und Tricia schätzen sein Fachwissen. Er ist der perfekte Biologe – wenn man einmal davon absieht, dass er ständig versucht, mich und alle anderen davon zu überzeugen, dass das Fantasy-Monster Bigfoot* wirklich lebt. Steve ist ein Bigfoot-Fan, Gott weiß warum, und scheut auch nicht davor zurück, bei besonderen Anlässen im Fellkostüm durchs Labor zu stapfen. Steif und fest behauptet er: «Alle biologischen Indizien sprechen für die Existenz von Sasquatch.» Bei einem abendlichen Bier versuche ich, ihm die Sache auszureden. Vergeblich. Er ist schlauer als ich und kann besser argumentieren. «Was soll's», denke ich irgendwann, nehme noch einen Schluck und blicke aus dem Fenster. Aber … Moment mal … dieser Schatten … war das nicht gerade? Steve sitzt neben mir und grinst.

Neben Ahmat Hassiem würde wahrscheinlich sogar Bigfoot aussehen wie ein Hänfling. Der Kerl hat eine gewaltige Ausdehnung und zwar sowohl in horizontaler als auch in vertikaler Richtung. 19 Jahre alt, Rettungsschwimmer, Leistungssportler. Er kämpft gerade um die Qualifikation für die Olympischen Spiele in China. Noch hat er es nicht ins südafrikanische Schwimm-Nationalteam geschafft, aber er ist wild entschlossen. Sollte es gelingen, wäre er

Die meisten Forscher halten Bigfoot, auch Sasquatch genannt, der als großer Menschenaffe beschrieben wird, für eine Legende. Das bekannteste «Filmdokument» ist umstritten. Wie beim Monster von Loch Ness oder dem Yeti sind Fakten nicht beizubringen. Wenn Sie nicht verstehen, warum Steve dennoch an Bigfoot glaubt, dann haben wir etwas gemeinsam. Ich werde den Verdacht nicht los, er verulkt uns alle …

der erste Einbeinige im olympischen Becken. Für die Paralympics ist er natürlich längst qualifiziert, dort könnte er quasi auf Bestellung Weltrekorde liefern, behauptet sein Trainer. Doch er will gegen die Unversehrten antreten. Unbedingt. Eine Kämpfernatur.

Vor ungefähr zwei Jahren sprangen er, sein Bruder und ein weiterer Rettungsschwimmer vor der Küste von Kapstadt ins Wasser – eine Übung, wie sie die Männer schon unzählige Male absolviert hatte. «Plötzlich fingen alle an zu schreien, ‹Hai, Hai›, und mein Bruder und mein Kollege sind zurück ins Boot.» Bevor Ahmat ihnen folgen konnte, hatte ein ungefähr 4,5 Meter langer Weißer Hai sein Bein bis zur Hälfte im Maul. Was dann kam, ist noch grauenvoller als die schlimmsten Szenen aus Spielbergs weltberühmtem Gruselfilm. «Der Hai hat mich mitgezogen, immer weiter, ich schätze, fast 100 Meter», erinnert er sich, als ich mit ihm auf seinem zu kleinen Bett in seinem zu kleinen Zimmer in einem zu kleinen Haus sitze. So ein Muskelberg sollte eigentlich ganz allein in einer Dreifachsporthalle wohnen, schießt es mir durch den Kopf. Ahmat erzählt weiter.

«Ich wollte nicht sterben, ich habe gekämpft. Ich habe ihm auf die Schnauze gehauen, auf die Augen. Mein freies Bein habe ich über den Rücken des Hais geschwungen, ich bin auf ihm geritten, damit ich besser auf ihn einschlagen kann. Aber es hat alles nichts genutzt, er hatte mein Bein zwischen den Zähnen und schwamm einfach weiter.» Ahmat hat bis heute Albträume, wacht nachts auf, schwitzt. Erinnert sich an den Moment, als selbst seine Kraft ihn verließ. Ahmat wollte sein Leiden abkürzen. Und als Rettungsschwimmer wusste er auch, wie das geht: unter Wasser tief einatmen. «Als das Salzwasser in meine Lungen drang, war das ein unglaublicher Schmerz, viel schlimmer als die Haizähne in meinem Bein. In diesem Moment wollte ich sterben, möglichst schnell.» Doch dann kam die Hand Gottes! Oder genauer: Die Hand von Ahmats Bruder, der sie ihm vom Schlauchboot aus entgegenstreckte. «Für mich sah es aus wie die Hand Gottes, die vom Himmel ins Wasser greift», erinnert sich Ahmat, «und obwohl es nur mein Bruder auf dem Schlauchboot war, kommt es mir doch wie ein Wunder vor.» Genauso wie das Tor von Maradona, 1986 bei der WM in Mexiko. Das war ja auch «die Hand Gottes».* Manchmal greift sie also tatsächlich ein, erzielt ein irreguläres Tor oder rettet ein einzelnes Leben. Die Wege des Herrn sind unergründlich.

Um Ahmats Hals baumelt eine Kette mit einem ziemlich großen Haizahn. «Den haben die Ärzte aus meinem Bein geholt. Jetzt ist er mein Glücksbringer.» Aha.

Seine Beinprothese beginnt kurz unter dem linken Knie und leuchtet in den Nationalfarben von Südafrika. Schon wenige Tage nach seinem Unfall stieg er wieder ins Meer und ins Schwimmbecken. «Leistungssport ist mein Lebenselixier», meint Ahmat. Er hält Vorträge in Schulen, motiviert junge Leistungssportler, indem er ihnen erklärt,

*Maradona erzielte bei diesem Viertelfinalspiel das 1:0 klar sichtbar mit der Hand, zeigte aber keine Reue und sprach stattdessen von der «Hand Gottes», die den Ball gelenkt habe. Das Endergebnis, nach einem weiteren, dieses Mal regulären Maradona-Tor, lautete 2:1, Gegner England schied aus dem Turnier aus.

Ahmat ist ein
Riesen-Typ.

Wasser hat es
ihm angetan.

Rechte Seite:
Ahmat und sein
kleiner Fan.

wie weit er mit seiner Prothese gekommen ist und dass
sie als Gesunde es noch weiter bringen können. Beeindruckend: Für ihn ist selbst sein Unfall nur ein weiterer
Grund, gute Laune zu haben. «Schließlich habe ich überlebt und ein neues Leben begonnen, oder?» Tja, mehr gibt
es dazu wohl nicht zu sagen. Ich bin Ahmat-Fan.

Interessant ist: Weder er noch J.P. und auch keines der
anderen fünf Haiopfer, die ich für eine Fernsehdoku kürz-
lich gemeinsam interviewte, hegen irgendeinen Groll gegen die Tiere.

Albträume? Manchmal.

Angst vor dem Schwimmen im Meer? Eigentlich nicht.

Hass auf Haie? Auf gar keinen Fall!

Wer angegriffen wurde, scheint die Tiere danach mehr zu mögen als vorher. Absurd? Vielleicht. Vielleicht auch nicht. Alle Opfer haben sich nach ihrem Unfall intensiv mit den Tieren und ihren Lebensgewohnheiten beschäftigt. «Wissen tötet Angst», sagt eines von ihnen. Die anderen nicken, sie sind inzwischen fast alle, auf ihre Art, Hai-Experten. Manchmal sogar Hai-Schützer. Streiten, ob Käfig-Tauchgänge für Touristen auf Gruseltour gut oder schlecht sind. Schimpfen auf illegale Fischereimethoden und das fürchterliche Finning, bei dem Haien die Flossen abgeschnitten werden, bevor man sie lebendig zurück ins Meer schmeißt – und das nur, weil Haifischflossen-Suppe in China immer noch heiß begehrt ist.* Sie fürchten um

Verschiedenen Schätzungen und Studien zufolge töten Menschen jedes Jahr zwischen 20 und 100 Millionen Haie, viele Arten sind infolgedessen bereits vom Aussterben bedroht.

die vielen Haiarten, deren Bestände bedrohlich schrumpfen, und spekulieren über die katastrophalen Folgen, die das für unsere Meere haben könnte. Ich höre und staune. Die Opfer lieben die Täter. Kein Einziger gibt den Tieren die Schuld. Sie sagen: Angst haben nur die Ahnungslosen.

Und das sind wohl die meisten von uns, denn wer beispielsweise weiß schon, dass Haie keine Schwimmblase haben, mit der sie ihre Tauchmanöver steuern könnten. Eine extrem vergrößerte und ölhaltige Leber übernimmt bei vielen Arten teilweise den notwendigen Auftrieb. Kreativ zeigt sich hier der Sandtigerhai: Er

Ich sehe was, was du nicht siehst!

reguliert seinen Tiefgang mittels kontrollierter Blähungen. Will er weiter runter, lässt er einfach einen fahren, denn weniger Luft im Darm bedeutet weniger Auftrieb.

Das Gerücht, alle Haie würden ertrinken, wenn sie auch nur für einen Moment aufhörten zu schwimmen, ist allerdings Unsinn. Einige Arten, nehmen Sie nur die Ammenhaie, können tagelang auf einem Fleck liegen, weil sie aktiv Wasser durch ihre Kiemen pumpen.

Eine besondere Rolle in den Erzählungen über Haie spielen natürlich immer wieder die Zähne und das Gebiss. Zu Recht. Weiße Haie beispielsweise können ihre obere Beißleiste bei aufgerissenem Maul ein bisschen aus dem Schädel schieben, was sie noch Furcht einflößender aussehen lässt. Sie haben fünf Zentimeter große Zähne, Dutzende davon, die wie eine Säge aussehen und auch genau so funktionieren, wenn der Hai den Kopf schüttelt. Fällt mal ein Zahn aus, klappt in kürzester Zeit ein neuer hoch, denn hinter dem strahlenden Lächeln eines solchen Superräubers liegen mehrere Reihen Ersatzschneidewerkzeuge bereit, damit die Tiere auch morgen noch kraftvoll zubeißen können – mit bis zu drei Tonnen Druck pro Quadratzentimeter. Tigerhaie durchbeißen locker eine große Schildkröte! Ein solches Gebiss hätte ich auch gern, dann könnte ich meinem Zahnarzt eine lange Nase drehen.

Im Laufe seines vielleicht fünfzigjährigen* Lebens wachsen im Maul von *Carcharodon carcharias* schon mal 50 000 Beißerchen. Multipliziert man das mit ein paar hundert Millionen lebenden Haien und ein paar hundert Millionen Jahren, die es diese Tiere schon gibt, erklärt sich von selbst, warum der Meeresboden geradezu übersät mit Haizähnen* ist. Schön für Paläontologen* und viel Arbeit für die Zahnfee.

Aber nicht nur ein Haimaul steckt voller Zähne – nein, das ganze Tier ist im Grunde nichts anderes als ein muskulöses Stück Zahnfleisch, denn die Zähne wachsen überall, selbst am Schwanz! Tausende davon, Abertausende!

Schätzung von Dr. Samuel Gruber.

Zähne sind auch das Einzige, was von toten Haien übrigbleibt, denn sie gehören zu den Knorpelfischen, haben also weder Knochen noch Gräten, die versteinern könnten.

Wissenschaftler, die Lebewesen vergangener Erdzeitalter erforschen.

Sie stecken überall dort, wo andere Fische ihre Schuppen haben. Überall Zähne!* Man kann den Haien nur wünschen, niemals Karies zu bekommen, denn sie hätten dann Löcher am ganzen Körper.

So aber machen die Mini-Beißer (manchmal sind sie nur Millimeterbruchteile groß) die Haihaut enorm widerstandsfähig: Sie verhindern die Ansiedlung von Seepocken und anderen lästigen Quälgeistern. Dadurch bleiben Haie besonders hydrodynamisch, sie können geschmeidiger, schneller und kraftsparender durchs Wasser gleiten, als es mit wirklich glatter Haut möglich wäre. Findige Wissenschaftler haben aus diesem Prinzip bereits Klebefolien entwickelt, die sie auf Schiffe und Flugzeuge pappen, um den Treibstoffverbrauch zu senken. Funktioniert tatsächlich!

Fachleute nennen diese kleinen Hautzähnchen übrigens «Placoidschuppen». Sie bestehen im Kern aus Dentin, einem verdammt harten Zeug, das so ähnlich auch in unseren Mündern wächst. Fast unkaputtbar. Fragen Sie die Zahnfee!

Ganz nebenbei: Haie können entgegen eines unausrottbaren Vorurteils sehr wohl an Krebs erkranken, daher sind Krebsmedikamente mit Hai-Zutaten auch gefährlicher Schwachsinn. Und auch nicht alle Haie sind Kaltblüter. Große Weiße zum Beispiel können eine Körpertemperatur entwickeln, die zehn oder fünfzehn Grad über der Umgebungstemperatur liegt. Sie sind warmblütige Fische! Unglaublich: warmblütig, wie wir! Die Wärme macht ihre Muskeln geschmeidiger und erleichtert den Lauerjägern Blitzbeschleunigungen auf bis zu sechzig Stundenkilometer. Immer über dunklem Meeresboden, wo ihre schwarze Oberseite sie unsichtbar macht, immer mit der Sonne im Rücken – so stoßen die Weißen blitzschnell auf schwimmende Robben zu. So gewaltig sind die Kräfte, die sie dabei entwickeln, dass sie oft samt Robbe aus dem Wasser katapultiert werden, mehrere Meter hoch, bevor sie mit ihren manchmal über zwei Tonnen Gewicht zurück ins Wasser knallen. Ein Anblick von elementarer Wucht und Schönheit, denke ich und muss an Liz Currie aus der Grafschaft Kent denken. Sie hatte wirklich Glück, dass der Hai an ihrer Kneipenwand schon tot war. Sie sollte darauf anstoßen, zur Not sogar mit englischem Bitter.

Milligramm wiegt die Linse im menschlichen Auge

Boris sucht die Superspinne
Sie werfen Bomben, sind haarig,
giftig und lecker: Spinnen

Boris hat selt-
same Freunde.

Meine Frau Ingrid ist gebildet. Sie hat viele Bücher. Wenn ich von längeren Reisen zurückkomme, liegen oft Klassiker der Weltliteratur und voluminöse Nachschlagewerke verstreut in unserer Wohnung herum. «Krieg und Frieden» schaut unterm Ehebett hervor, «Doktor Faust» bewacht das Arbeitszimmer, über die Seuchen-Enzyklopädie «Geißeln der Menschheit» stolpere ich in der Küche. Die Bibel blockiert die Klotür. Das ist das untrügliche Zeichen: Es hat mal wieder Tote gegeben.

«Wer nicht gerne denkt, sollte wenigstens von Zeit zu Zeit seine Vorurteile neu gruppieren», hat der Naturforscher Luther Burbank* über Leute gesagt, die sich von Fakten nicht beeindrucken lassen. Ingrid lässt sich davon nicht beeindrucken. «Was weiß schon einer, nach dem eine Kartoffel* benannt wurde?»

Deshalb schmeißt sie Bücher aufs Parkett. Und lässt sie liegen, bis ich wieder zu Hause bin. Unter jedem einzelnen eine tote Spinne. Jedenfalls sagt sie das. Meistens finde ich aber nichts. Wahrscheinlich hat das Gewicht des gedruckten Weltwissens, das sie aus großer Höhe und Entfernung auf millimeterkleine Achtbeiner geschleudert hat, die Tiere regelrecht pulverisiert.

Beim Googeln von «Arachnophobie» spuckt die deutsche Suchmaschine fast 50 000 Treffer* aus. Nicht schlecht für ein Wort, das noch nicht mal im Duden steht! Dabei sind die kleinen Insektenfresser doch so nützlich, und in unseren Breiten gibt es kaum eine Art, deren Biss unangenehme Folgen hätte. Obwohl es jede Menge Krabbler gibt: In Deutschland allein sind bisher etwa 1 000 Arten bekannt. Auf einem einzigen Quadratmeter Durchschnittswiese tummeln sich bis zu 130 Exemplare. Weltweit sind bisher etwa 40 000 Spinnenarten wissenschaftlich beschrieben worden, in allen Klimazonen, von der Arktis über gemäßigte Gebiete und die Tropen bis in die Wüsten.

1849 bis 1926, US-amerikanischer Botaniker und Pflanzenzüchter, der es zu unglaublicher Popularität brachte. «To burbank» bedeutet im Amerikanischen bis heute so viel wie «Verändern» oder «Verbessern» von Pflanzen. Mit seinem freidenkerischen Weltbild, das religiöse Axiome ablehnte, machte er sich jedoch auch viele Feinde.

Die Kartoffelsorte «Burbank» ist in den USA sehr beliebt.

Weltweit sind es für «Arachnophobia» 400 000, und wer mal «spider fear» eintippt, erfasst auch die Spinnengeängstigten mit weniger elaboriertem Code und kommt auf 2,5 Millionen!

Der Biologe Boris Striffler schätzt, es könnte «noch genauso viele Arten geben, die wir gar nicht kennen.» Das wären dann 80 000. Wow! Ich weiß, diese Zahl ist für Menschen, die Angst vor Spinnen haben, nicht gerade beruhigend. Die Tatsache, dass fast alle Spinnen giftig* sind, auch nicht. Noch fieser: Wo auch immer Sie gerade sind, die nächste Spinne ist nie weiter als einen Meter von Ihnen entfernt. Nur einen Meter! Statistisch gesehen. In der Realität könnte sie natürlich auch schon auf Ihrem Kopf sitzen.

Zwei Spinnenfamilien besitzen keine Giftdrüsen. Viele andere haben zu kleine Fangzähne, um unsere Haut zu durchdringen, oder aber ein so schwaches Gift, dass davon keine Gefahr ausgeht.

Boris wirkt auf den ersten Blick ganz normal. Bis man einen zweiten riskiert: Auf seinem Arm prangt ein Spinnen-Tattoo, eine Stoffspinne liegt auf seinem Bett, Plastikspinnen im Wohnzimmer, in der Küche, im Flur. Im Bad steht eine «Spiderman»-Shampooflasche. Die ultimative Folterkammer für unzählige Menschen ist jedoch sein Büro: Meine Frau hat den Raum erst nach viel gutem Zureden betreten und dann die Tür nicht mal für eine Zehntelsekunde aus den Augen gelassen. Hätte ich ihr versehentlich den Fluchtweg verstellt, hätte sie mich wahrscheinlich sofort niedergeschlagen.

In Boris' Kabuff werden wir von hunderten Spinnen mit ihren vielen Augen* durch die Glaswände ihrer Terrarien beobachtet. Vielleicht sind es auch tausende, so genau weiß Boris das nicht: «Die vermehren sich ja auch.» Ingrid hat jetzt dieses Flattern in den Augen. Aha, denke ich. Das werden also immer mehr Spinnen hier. Dabei sind es schon jetzt genug, um sämtliche menschlichen Bewohner des Hauses zu töten. Auch die nächsten Gebäude und ein paar angrenzende Straßenzüge ließen sich durch das Gift von Boris' Haustieren vollständig entvölkern. Was die Nachbarn dazu sagen? «Das stört die nicht», versichert Boris mit rheinländischer Unschuldsmiene.

Viele Weberspinnen haben mehrere Augen, meist sind es acht.

Aus der Sicht aller Spinnengeängstigten – und pikanterweise zählt Boris' Frau zu ihnen, was angesichts «hin und wieder» ausbüchsender Terrarien-Insassen sicher zu lustigen Partnerschaftsdiskussionen führt – ist der «1. Vorsitzende der Deutschen

Am Blasrohr
eine Pfeife:
Spinnenforscher
Boris Striffler

Arachnologischen Gesellschaft e. V.» natürlich so eine Art Chef-Teufel-Dämon-Frankenstein-Perverser. Zur Strafe hat das Schicksal ihn beruflich zeitweise ins Reich der Pflanzenforscher an der Uni Bonn verbannt, wo er sich mit so aufregenden Dingen wie der Titanenwurz beschäftigen muss, die alle drei, vier Jahre einmal blüht. Für einen Zoologen ist das wahrscheinlich schlimmer, als lebendig verdaut* zu werden.

So, wie es Spinnen
mit ihren Opfern tun.

Boris' eigentliches Fachgebiet sind und bleiben aber

Spinnentiere, und dazu gehören Milben, Weberknechte, Skorpione und eben – Spinnen. Sollten Sie mal eines dieser Tiere als «Insekt»* bezeichnen, redet Boris wahrscheinlich kein Wort mehr mit Ihnen. Nie wieder. Ansonsten ist er ein umgänglicher Typ. Ich habe ihn in Marokko kennengelernt, wohin er mich mitgenommen hatte, um den Nordafrikanischen Dickschwanzskorpion zu suchen. Ich hatte gerade nichts Besseres vor.

*«Insekten» sind eine «Klasse» der «Gliederfüßer», «Spinnentiere» eine andere «Klasse» des gleichen «Stammes».

Wenn er auf dieser Reise mal nicht auf allen vieren vor kleinen Erdlöchern kauerte, um mit seiner langen Pinzette irgendwelche giftigen Klein-Monster aus dem Boden zu ziehen, erzählte er mir von seiner Welt. Und langsam, ganz langsam fing ich an, mich für Spinnen zu interessieren.

Ungefähr ein Jahr später fahre ich durch Venezuela, Boris und zwei weitere Biologen auf dem Rücksitz. «Hat jemand meine Vogelspinne gesehen?», fragt Boris plötzlich. Kurzes Schweigen. «Nee, vorhin lag sie aber noch auf der Box mit den Krokodileiern», meint Biologe zwei. Dann der dritte: «Da liegt jetzt aber meine Lanzenotter.» Pause. «Und wo ist dann meine Spinne?» – «Guck doch mal unter dem Sitz nach …» Wieder Schweigen. Aufgeregtes Herumkramen. Ich schwitze und nehme den Fuß vom Gas.

Boris und ich jagen in Mittalamerika *Theraphosa apophysis*, die Riesenvogelspinne. Ein gewaltiges Ding, das über zwölf Jahre alt werden kann. Sie lebt am Boden, in Erdhöhlen. Besonders häufig gibt es sie tief im venezolanischen Hinterland, an der Grenze zu Kolumbien, im Orinoko-Gebiet. Der Große Vorsitzende der Spinnengesellschaft war schon mal da und ist mit den Örtlichkeiten vertraut. Mit dem Geländewagen schaffen wir es bis in ein Dorf der Piaroa-Indianer am Rande des Dschungels. Von hier aus müssen wir zu Fuß weiter. Alfredo, Häuptlingssohn der Piaroa, führt uns. Es ist geradezu absurd heiß und feucht, jetzt, kurz vor der Regenzeit. Die Moskitos scheinen seit Monaten nur auf uns gewartet zu haben. Höllisch. Grauenvoll. Boris' Arme blühen schon nach kurzer Zeit in vielen lustigen Rottönen, der Rest seiner Haut wird immer blasser. Ich habe klugerweise trotz der Hitze ein langärmliges Hemd an, um mich vor den kleinen Blutsaugern zu schützen. Funktioniert auch. Ich sterbe also voraussichtlich nicht an Blutarmut, sondern an einem Hitzschlag. Man hat die Wahl. Immerhin. Feldforschung ist toll, denke ich, und lasse im Vorbeigehen einen Zweig in Boris' Gesicht flitschen. Schließlich hat er uns hierher gelotst.

Am Ufer eines Urwaldflusses, der trotz Candirú-Warnung* eine unwiderstehliche Anziehungskraft auf uns ausübt, wird Boris nach ein paar Stunden fündig. Glaubt er jedenfalls. Wir wollen einen Weltrekord aufstellen und dazu müssen wir ein Exemplar finden, das eine Beinspannweite von mindestens 30 Zentimetern hat. Der bräunlich schwarz behaarte Körper eines solchen Giganten bringt bis zu 180 Gramm auf die Waage. Das nenne ich eine Spinne und frage mich, welches Buch Ingrid wohl in diesem Fall schmeißen würde.

Bei den meisten Spinnen, auch bei Theraphosa, sind die Weibchen deutlich größer als die Männchen, manchmal fünf oder zehn Mal so groß. Und nicht nur die Schwarze Witwe lässt sich nach der Paarung gerne ihren Lover schmecken – postkoitaler Kannibalismus ist bei vielen Arten zu beobachten. Dennoch lässt sich kein Spinnenkerl die Chance entgehen, die eigenen Gene weiterzugeben. Gibt es einen anschaulicheren Beweis für die Opferbe-

Siehe das Kapitel «Der Pimmelfisch».

reitschaft eines liebenden Mannes? Da ist es doch nur fair, dass aus einigen Spinnengiften inzwischen angeblich potenzsteigernde Medikamente hergestellt werden, oder?

Das Abdomen oder Opisthosoma der Riesenvogelspinne, wir Normalos würden einfach «Bauch» sagen, kann so kugelgroß werden wie ein Tennisball und ist ebenso behaart. Doch während die gelben Flusen eines Filzballes relativ ungefährlich sind, solange sie einem nicht von Roger Federer mitten ins Gesicht geschmettert werden, ist der Spinnenpelz bei manchen Arten eine tückische Fernwaffe. Mit ihren Hinterbeinen kann Theraphosa diese Brennhaare potenziellen Feinden entgegenschleudern, sie damit regelrecht unter Beschuss nehmen. Sie zählt deshalb zu den Bombardierspinnen. Gelangen die fadenförmigen Dinger in die Atemwege, ist elendiger Hustenreiz die Folge. Wenigsten warnt die Superspinne vor dem Abschuss ihrer Waffen. Zuerst striduliert* sie, erzeugt Zischlaute und hebt warnend zwei Vorderbeine in die Luft. Dann eröffnet sie das Feuer. Ich habe bei unserem ersten Fang zwar keine Brennhaare eingeatmet, aber dennoch eine volle Ladung abbekommen, die trotz Langarmshirt auf meiner vollgeschwitzt-klebrigen Schulter ganz prima gehaftet und mir einen äußerst schmerzvollen Tag beschert hat. «Hab ganz vergessen, dich zu warnen», meint Boris und grinst schadenfroh. Mit Blick auf seine Moskito-geschundenen Arme beschließe ich, mein Fläschchen Juckreiz-Stopper in den Fluss zu gießen.

Das Geräusch wird mit sogenannten Stridulationsorganen erzeugt, Feldhcuschrecken beispielsweise reiben ihre Hinterbeine an speziellen Adern der Vorderflügel.

Die Spinne hat sich selbst bestraft: Nach dem Bombenangriff auf meine Schulter verunziert eine rosa-braune Glatze ihren Hinterleib. Leider wachsen Brennhaare nach. Trotzdem lassen wir sie wieder frei. Nur gut 20 Zentimeter. Zu klein.

«Da drüben», schreit Boris, und wir rennen los. Da! Eine unglaublich große *Theraphosa apophysis*! Bestimmt ein Weltrekord-Vieh! Auf ihren acht Beinen huscht sie ins Unterholz und verschwindet in einem beindicken Erdloch. «Und jetzt?», will ich wissen. «Kein Problem, die grabe ich aus», erwidert Boris. «So eine

bis zweihundert Mal schlägt das Herz einer Kellerassel pro Minute

Wohnhöhle geht selten tiefer als einen knappen Meter in den Boden und verläuft meistens schräg nach unten. Ist kein Thema für mich.» Drei Meter und zwei Stunden später, schwitzend und endgültig völlig zerstochen, gibt er auf.

Alfredo, der Häuptlingssohn, hat uns und unsere Ausgrabungsaktion wahrscheinlich schon die ganze Zeit für völlig meschugge gehalten. Und zeigt uns jetzt, wie man sich ganz einfach eine Spinne angelt. Dazu nimmt er einen hauchdünnen Zweig, steckt ihn in eine beliebige Spinnenwohnhöhle und dreht ihn zwischen den Fingern. Theraphosa, in der irrigen Annahme, ein leichtsinniges Beutetier würde vor ihrer Haustür herumhopsen, kommt herausgeschnellt. Alfredo greift zu und verpackt das pralle Weibchen sicher und praktisch in einem geknoteten Bananenblatt. Das Ganze hat nicht mal eine Minute gedauert. Auf dem Rückweg lasse ich wieder Zweige in Boris' Gesicht flitschen.

Die Piaroa jagen schon seit Menschengedenken Spinnen. Eine wichtige und gesunde Nahrungsergänzung. Beim Spinnenfangen

Alfredo schmückt sich mit fremden Federn.

machen sich die Piaroa zu Nutze, dass viele Arten, darunter unser Riesenachtbeiner, ihre Opfer eben nicht mit Hilfe eines Netzes fangen. Sie sind Lauerjäger und warten geduldig auf Insekten, am Boden lebende Vögel, Echsen oder kleine Säuger. Kommt so ein Häppchen vorbei, schlagen sie ihre bis zu 2,5 Zentimeter langen Fangzähne, die Chcliceren (messen Sie mal bei Ihrer Katze nach, damit Sie einen Vergleich haben!), in die Beute und injizieren ein hochwirksames Gift. Müssen sie auch, denn der Erfolg ihrer Jagd hängt am seidenen Faden: Sie sind weder schnell genug, um anderen Tieren hinterherzurennen, noch haben sie Reißzähne, mit denen sie sicher töten können. Also bleibt ihnen nur Gift. Und Seidenfäden. Und Speichel. Denn einen Mund, der groß genug wäre, um eine Maus oder einen ähnlich großen Brocken zu verschlingen, haben sie auch nicht. Daher spinnen sie ihre Opfer mit ihren Fäden ein und spritzen Verdauungssäfte. Die machen aus den Körpern einen schleimigen Nahrungsbrei, der geschlürft wird. Fehlt eigentlich nur noch ein buntes Papierschirmchen, dann sähe Theraphosa bei der Nahrungsaufnahme so entspannt aus wie Sie beim Cocktailschlürfen am Pool.

Am frühen Abend sind wir zurück im Dorf der Piaroa. Ohne Weltrekord. Dafür lädt uns Alfredo zum Essen in seine Hütte ein. Dort treffen wir auch seinen Vater, dessen Fuß nach einem Lanzenotterbiss vor einigen Wochen so aussieht, als würde er langsam abfaulen. Tut er wahrscheinlich auch. Trotzdem spielt Papa fröhlich auf seiner Flöte, während Mama die von Alfredo gefangene, noch lebende Vogelspinne auspackt und ihr mit dem Daumennagel ein Loch in den Chitinpanzer knipst. Dann schmeißt sie sie ins Feuer. Die Chitinschale haben Spinnen, weil im Inneren keine Knochen ihren Körper zusammenhalten. Sie haben nur den Außenpanzer, ein sogenanntes Exoskelett, wie man es auch von verwandten Krebstieren wie Hummer oder Shrimps kennt. Wenn sie größer werden, müssen sie diese Schale abwerfen, so zehn Mal in ihrem Leben, weil der Chitinpanzer nicht mitwächst. Piaroa wissen: Man muss ein Loch in den Panzer der Spinnen ma-

chen, weil sie sonst beim Rösten platzen. Jetzt pfeifen sie aus diesem Loch. Wie ein Teekessel. Dann ist Essenszeit.

An den herausgerissenen, verkohlten Beinen hängt jeweils ein beachtliches Stück weißes Fleisch. Es schmeckt ein bisschen wie Shrimps, allerdings ohne die fischige Note. «Ist doch ganz lecker!», freut sich Boris, «echt toll hier.» Während ich abbeiße, blicke ich auf den faulenden Schlangenbiss-Fuß von Alfredos Papa, den schmutzigen Daumennagel der Mama, Boris' zerstochene Arme. Meine Schulter brennt. Der Rauch beißt in meinen Augen. Moskitos umsurren meine Ohren, Teile des Spinnenbeines hängen in meinem Hals fest. Ich blicke mich in der halbdunklen Grashütte um. Es muss doch hier irgendwas geben, das ich Boris ins Gesicht flitschen lassen könnte …

Ein weiteres Jahr später sitze ich allerdings schon wieder mit ihm im Auto. In Australien dieses Mal. Nach der größten wollen wir nun auch noch die giftigste Spinne der Welt suchen. Ich weiß auch nicht, warum ich mich immer wieder auf so etwas einlasse. Vielleicht, weil ich Sydney so mag – und dort lebt die Sydney Fun-

tausend britische Rinder erkrankten bis 2006 an BSE

nel Web Spider, die gefährlichste von allen. Überraschenderweise geht dieses Mal alles ganz einfach: Wir finden die tödliche Spinne schnell in verschiedenen Vorgärten, in Labors und sind sogar dabei, als die Tiere in einem Institut zur Serumproduktion gemolken werden. Denn jeder Arzt in Australien, so will es das Gesetz seit 1981, muss ein Gegengift in seiner Praxis lagern. Das sagt genug über die Gefährlichkeit der Spinne, finde ich. Wird man gebissen, dauert es tatsächlich nur ein paar Minuten, bis die Symptome einsetzen. Schwindel, Herzrasen und so. Wenn das beginnt, sollte man in den folgenden Minuten an etwas Schönes denken, denn es könnten die letzten sein. Erreicht das Gift das Herz, quittiert dieses umgehend seinen Dienst. Es sei denn, man erreicht innerhalb von 60 Minuten nach dem Biss ein Krankenhaus.

Ich bin also froh, dass alles so reibungs- und bisslos geklappt hat. Doch Boris ist nicht glücklich. Er will in die Wildnis und dort auch noch eine enge Verwandte der Sydney Funnel Web fangen: Die Toowoomba-Trichternetzspinne. Ebenfalls – natürlich! – total giftig.

Fraser Island ist eigentlich wunderschön. Endlose Strände, unberührter Urwald, kristallklare Seen, gewaltige Sanddünen. Nicht umsonst heißt die Insel in der Sprache der Aborigines *K'gari*, was nichts anderes als «Paradies» bedeutet.

Leider sehe ich davon nicht viel. Denn Boris und sein Kollege Robert Raven scheuchen mich durch den Wald, um Toowoomba* aufzuspüren, in Akademikerkreisen *Hadronyche infensa* genannt. Ein unscheinbares, schwarzbraunes Vieh, gerade mal fünf Zentimeter Beinspannweite. Keine bunten Muster auf dem Körper, kein kunstvoll gesponnenes Netz, nichts Besonderes. Abgesehen natürlich von dem tödlichen Gift in ihren Fängen, mit dem sie ihrer Beute innerhalb kürzester Zeit den Garaus macht.

Robert Raven führt Boris und mich zu der vielleicht größten Giftspinnenkolonie auf diesem Planeten: einem Stückchen subtropischem Regenwald auf Fraser Island. Nebenbei sei bemerkt,

Auch Fraser Island Funnel Web Spider ist als Name gebräuchlich.

Jetzt bloß nicht
klatschen!

dass Robert arachnophobisch ist. Warum er ausgerechnet den Beruf des Spinnenforschers ergriffen hat, ist eine interessante Frage, auf die er, je nach Befindlichkeit, zwei verschiedene Antworten gibt: «Weil ich blöd bin» oder «Weil ich dachte, so meine Spinnenangst überwinden zu können.» Letzteres hat jedenfalls nicht geklappt.

Es dauert nur Minuten, bis Robert auf ein Loch im Boden deutet: der Eingang zu einer der bis zu einem halben Meter tiefen Spinnenhöhlen. Ihre Behausungen legen die Trichternetzspinnen mit einem Gewebe aus, das sich anfühlt wie eine Seidensocke. Vor dem Bau haben sie Stolperfäden gespannt. Hüpft ein Insekt da drauf, kommt die Jägerin auf ihren acht Beinen aus dem Bau geschossen, schlägt die Giftzähne in ihr Opfer und zerrt es zum gemütlichen Verspeisen in die unterirdische Seidensocke.

Wir graben sie aus und fangen das optisch unscheinbare Tierchen. Ein paar Meter weiter finden wir dann das nächste Loch und dann noch eines und noch eines. Alle ein, zwei Meter wartet hier eine Funnel Web Spider auf Beute. «Die Dingos haben alle Eidechsen weggefressen», begründet Robert die hohe Populationsdichte. «Die Spinnen haben jetzt kaum noch natürliche Feinde auf der Insel.»

Boris und Robert sind glücklich. So viele Spinnen! Sie sammeln einen Haufen davon ein, verstauen sie in schlecht schließenden Boxen, die sie achtlos ins Auto schmeißen, und verwandeln es so in einen Gefahrguttransporter. «Mann, ist das klasse hier», freut sich Boris, als er stolz auf die zahlreichen Kisten schaut, in denen die Giftspinnen hin- und herwuseln. Er kurbelt sein Fenster herunter und schaut glücklich in den Sonnenuntergang. Ich fahre ganz dicht an einem Busch vorbei, dessen Zweige vom Auto umgebogen werden. Einer flitscht ihm genau an den Hals. «Ja, Boris. Ist wirklich super hier!»

Danksagung

Boris Striffler danke ich für seine geduldige Arbeit als Korrektur-Biologe. Julia Vorrath für viele fruchtbare Anregungen und die tolerante Auslegung der Abgabetermine. Guido Dehnhardt und Hans-Jörg Ferenz fürs Gegenlesen. Und dann danke ich natürlich den Autoren, Produzenten, Redakteuren, Kameramännern und -frauen, Tonfrauen und -männern, Biologen und all den anderen, die meine Reisen erst ermöglicht haben oder deren Hilfe ich unterwegs in Anspruch nehmen durfte. Und die mich haben gewähren lassen, wenn ich in den unmöglichsten Situationen Texte in mein Handy tippte. Ich nenne nur ein paar von ihnen und hoffe, alle anderen lesen keine Danksagungen: Jan Schippers-Biekehör, J. Michael Schumacher, Pierre Tirier, Markus Strobel, Dirk Hendrischke, Holger und Tilmann, Oliver Roetz, Pepe und Anke, Grischa Kerstan, Daniel Seideneder, Samuel Gruber, Steve Kajiura, Ryan Johnson, Sven Wieskotten, Fiona Ayerst, Martina Haubrich, Gunnar und Florian Dedio, Lutz Jakubowski, Fritz Janschke, Torben und Beate Müller, Mikki McComb, Jamie Seymour, Lolita Penland, Tova und Navot Bornovski, Lindsay Porter, Sabine Stryjewski, Werner Steinheuser, Manuel Gonzalez Fernandez, Christian Ehrlich, Erich Ritter, Christian Neumann, Gerald Krakauer, Tierney Thys, Birgit Peters, Robert Raven, Madelaine Crowley, Peter und Elfi Kummer, Florian Graner, Jean-Luc Guidoin, Bart Weetjens, Greg Sword, Gavin Ryan, Roger Reep, Antonia Coenen, Natali und Sigurd Tesche, Richard Peirce, J. P. Andrews, Ahmat Hassiem und seine Familie, Graeme Duane, Katie und Grant von Bimini Island, Boris Mahlau, Freddy Vergara, Alfredo von den Piaroa, Jack Wolfskin, VOX, dem ZDF, der ARD, Nissan und viele, viele andere. Und dem WWF danke ich für eine Amazonas-Expedition.

Fotonachweis

S. 8/9: Fritz Janschke

S. 12/13, 14/15, 18, 19, 20, 32, 48, 49, 72/73, 76, 80/81, 89, 130/131, 157 (2), 162 (2), 168, 169 (2), 170/171, 178/179: Dirk Steffens

S. 22, 28: Matthias Koch

S. 36/37, 38/39, 44/45, 46: Michael Schuhmacher

S. 58: Mauritianum Altenburg, Thüringen

S. 62/63, 68/69, 102/103, 174/175, 186/187: Christian Ehrlich

S. 77: Jürgen Burkhardt

S. 84, 89: Birgit Peters

S. 86, 93: Randy Morse

S. 94/95, 98: Markus Strobel

S. 104: Antonia Coenen

S. 107: Adrian Barnett, BBC

S. 108: Zool. Staatssammlung München

S. 116, 120/121, 124/125: Grischa Kerstan

S. 133: Joan Reville

S. 134/135, 137, 184: Matthias Koch

S. 139: www.frogwatch.org.au

S. 140/141: Gavin Ryan, www.gavin-ryan.com

S. 144/145, 148/149, 152: Sigurd Tesche

S. 154/155: Grant Johnson

S. 158/159: Fiona Ayerst

S. 166: Mikki McComb

S. 182: Boris Striffler

Trotz aller Bemühungen konnten wir nicht in jedem Fall die Rechteinhaber der Fotos ausfindig machen. Es wird ggf. um Mitteilung gebeten.

Ausgewählte Literatur zur vertiefenden Lektüre

M. Gleich, D. Maxeiner, M. Miersch, F. Nicolay: Life Counts. Eine globale Bilanz des Lebens. Berlin, 2000

Rainer Flindt: Biologie in Zahlen. Heidelberg/Berlin, 2002

Malcolm Tait and Olive Tayler: The Wildlife Companion. London, 2004

Gideon Dafoe: How Animals Have Sex. London, 2005

Roger L. Reep & Robert K. Bonde: The Florida Manatee. Gainesville, 2006

Birgit Pelzer-Reith: Sex & Lachs & Kabeljau. Hamburg, 2005

Stephen Jay Gould: Das Ende vom Anfang der Naturgeschichte. New York, 2002

Harald Gebhard & Mario Ludwig: Von Drachen, Yetis und Vampiren. München, 2005

Richard Ellis: The Empty Ocean. Plundering the World's Marine Life. Washington, 2003

Johann Grolle (Hg.): Evolution – Wege des Lebens. München, 2005

Otto Kraus: Internationale Regeln für die Zoologische Nomenklatura. Hamburg, 2000

Richard Ellis: Great White Shark. Standford, 1991

Burger Cillié: Säugetiere Handbuch vom Südlichen Afrika. Pretoria, 2004

Erich Ritter: Mit Haien sprechen. Stuttgart, 2004

Das «Illustrirte Thierleben». Alfred Edmund Brehm, überarbeitet von Theo Jahn. Leipzig, 1863

Stephen Spotte: Candirú – Life and Legend of the bloodsucking catfishes. Berkely, 2002

Faszination Natur: Tierlexikon. Mannheim, 2007

Alfred Kästner: Lehrbuch der speziellen Zoologie. München, 2003

Heide Platen: Das Rattenbuch. Über die Allgegenwart unserer heimlichen Nachbarn. München, 2001

Allison Foote and Jonathan Crystal: Metacognition in the Rat – Current Biology. Athens, USA, 2007

J. Seymour & P. Sutherland: Australian Natural History – Box Jellyfish. Sydney, 2001

Bill Bryson: A Short History of Nearly Everything. London, 2004

Jack Johnson: Diving with Sharks. London, 2000

Rainer F. Foelix: Biologie der Spinnen. Stuttgart, 1992